LOCUS

LOCUS

LOCUS

LOCUS

touch

對於變化，我們需要的不是觀察。而是接觸。

a *touch* book
Locus Publishing Company
11F, 25, Sec. 4 Nan-King East Road, Taipei, Taiwan
ISBN 986-7975-36-7 Chinese Language Edition

July 2002, First Edition
Printed in Taiwan

11½逆向管理

作者：羅伯・蘇頓（Robert I. Sutton）
譯者：徐鋒志
責任編輯：湯皓全　美術編輯：謝富智
法律顧問：全理法律事務所董安丹律師
出版者：大塊文化出版股份有限公司　e-mail: locus@locuspublishing.com
臺北市105南京東路四段25號11樓　**讀者服務專線：0800-006689**
TEL:(02)87123898　FAX:(02)87123897
郵撥帳號：18955675　戶名：大塊文化出版股份有限公司

總經銷：北城圖書有限公司　地址：臺北縣三重市大智路139號
TEL:(02)29818089（代表號）　FAX:(02)29883028　29813049
排版：天翼電腦排版印刷股份有限公司　製版：源耕印刷事業有限公司
初版一刷：2002年7月
初版2刷：2004年3月
定價：新台幣280元

touch

$11\frac{1}{2}$逆向管理

看起來怪，但非常管用

Weird Ideas that Work

$11\frac{1}{2}$ Practices for Promoting, Managing, and Sustaining Innovation

管理科學的夢想家

Robert I. Sutton

史丹佛大學工學院管理科學及管理工程教授

徐鋒志⊙譯

目錄

第一部

怪點子爲何有效

1
奇招管用，但爲何它看起來那麼怪

這些奇招大多和在例行工作中被視爲理所當然的常規完全相反。
這些奇招得以奏效，原因在於它們能夠擴大知識的變異、
幫助大家以新角度看舊事物，並協助公司揮別過去。
而且這些奇招都有完整的實務根據和研究，不是信口開河。

想創新，就必須有豐富的想像力和一大堆垃圾。

——愛迪生（Thomas Edison）

問題不是你眼睛盯著什麼在看，而是你眞正「看見」了什麼。

——梭羅（Henry David Thoreau）

我的競爭對手是紙張，不是電腦。

——傑夫・霍金斯（Jeff Hawkins）談到他的團隊設計 Palm Pilot 時的重大領悟

我承認，之所以把書中的新觀念稱爲「奇招」，無非是爲了吸引你的注意力。畢竟，比起刻板枯燥的老生常談，別出心裁甚至標新立異的管理規則不但讀來趣味橫生，而且令人印象深刻。不過，書中這些觀念也許看起來不符直覺認識，卻是另有原因的：公司若要創新，就必須採取一些和現行管理方式相左的作法，或者是與慣用的、以爲正確的管理觀念有所衝突的做法。許多公司的經理人以爲，只要恪遵傳統的人事管理和決策模式，就可以繼續開發新的產品、服務和解決方案——這種情況，甚至也會發生在那些嘴上常說若要創新就需要不同的做法而非照章行事的經理人與公司身上；他們嘴上這樣說，實際上用的還是強迫員工用老觀念看舊事物，卻仍冀望能有嶄新或賺錢的妙點子從天而降。

例如，去年我和某家出版商的一位高級主管長談，討論如何讓他們這家年營業額達數十億美金、身處成熟產業的公司激發創意。這究竟是哪家公司，在此姑隱其名，總之是一家出版書籍的公司。這家出版商的盈餘下滑，連帶拖累股價。華爾街的股市分析師批評該公司缺乏創意。這位高級主管談起這件事就氣憤難當，因爲她的公司「討厭冒險」，其中又以執行長爲最嚴重；她說，企劃案只要沒有十足的成功把握或偏離核心本業，就得不到高級主管的支持。她特別強調，有些企劃案只要影響短期盈餘就會被打回票，儘管這些案子長期而言是有利可圖的。公司執行長和高級主管深信，公司現在這套處理例行工作和賺錢的方法，還是可以發展出獲利的新產品和經營模式。

這些高級主管是在癡人說夢話。一家公司如果想把創新變成常態，而不是偶一爲之或曇花一現的突發事件，他們就必須拋棄或扭轉他們在人事管理和決策方面根深蒂固的觀念。他們需要以迥然不同的全新思維去設計做法和管理公司，就算所採取的措施被人——尤其是被只看近利的人——批評爲悖於常理、自討苦吃或大錯特錯，仍然應該勇於嘗試。

原意在於激發創新，結果卻反而扼殺了創意的做法，不僅只是見於大型、老字號公司而已。許多創業家開新公司的目的之一就是希望能更有創意，擺脫掉一般已有規模的企業的墨守成規。然而，輔導新興企業有二十餘年經驗的羅賓斯（James Robbins）指出，這些創業型企業家往往和大企業經理人一樣掉入窠臼，積習難改。羅賓斯早在風氣之先，即創立了管理許多新興企業的搖籃，包括在加州聖荷西(San Jose)與中國武漢的環境商業區(Environmental Business Cluster)，以及在聖荷西的軟體商業園區（Software Business Cluster)、在聖塔克拉拉(Santa Clara) 的 Panasonic 網際網路園區（Panasonic Internet Incubator)、在舊金山的女性科技園區（Woman's Technology Cluster）。其中，軟體商業園區自一九九四年設立以來，培育了五十餘家新公司，吸收投資基金超過三億美金，成效卓著。

羅賓斯教導這些育成園區的企業家，如何打造一家能夠激發創意、而非扼殺創意的公司。我在他公司只見到一句標語：「所謂瘋狂，就是做事一成不變，卻期待不同的效果。」他之所以有感而發，是因爲許多企業家罹患了這種失心症，使得他們無法創新。這些人如果日復一日做同樣的事但期待相同的結果，就不算瘋狂；這是處理日常工作或讓未來跟過去一模一樣的正確作法。但若欲以日復一日而照章行事的方式追求創新，無異緣木求魚。

若沿用在過去證明可行的賺錢方式，是不可能創新的。若想維持長期的榮景，就必須不斷發明（至少要不斷挖掘）新的思考和行動。

例行工作，創新工作

例行工作和創新工作在組織上的差別，可以用迪士尼主題樂園中的「角色人物」（cast member）和幻想工程裡的「幻想工程師」（imagineer）兩者的對照來說明。「幻想工程」（Imagineering）是迪士尼公司位於加州伯本克市（Burbank）的研發機構。單從工作頭銜就透露出兩者工作上的差異：主題樂園的角色人物依照嚴謹的腳本行事；幻想工程師則天馬行空想像各種値得遊客體驗的新感受。角色人物不管是扮演灰姑娘、高菲狗，或擔任叢林漫遊的嚮導或打掃街道，都有明確的操作手冊確保每位角色人物都能在「舞台」上「盡忠職守」。

這是迪士尼的例行工作。相反的，迪士尼幻想工程裡的員工必須嚐鮮求變，以創新爲首要之務。誠如一位曾擔任幻想工程師的人所說的：「這裡鼓勵你大膽提出各種瘋狂的點子。雖然你大部份的點子從未實現，難免令人沮喪，但維護金字招牌、創造出讓遊客難忘的經驗，並講出精彩的故事是很重要的。這兒還是有奇幻色彩的。還有什麼地方會叫你去想出像迪士尼樂園那種怪點子!?」

史丹福大學的馬奇（James March），闡述了此二者的差異：一是「利用」舊觀念，另一是「探索」新機會。利用舊觀念，指的是依賴過去、成熟的流程和可靠的技術從事可以立即獲利的事情；例如麥當勞製作與販售大麥克，麥當勞迄今已經賣出幾十億個大麥克，除非顧客特別要求，否則顧客會認爲大麥克的外觀和口味應該一模一樣。麥當勞的目標就是利用舊技術製造出品質一致的大麥克。

馬奇指出，長期而言，沒有一家公司能夠只依賴成熟和現成的作法而生存，卻必須求新求變和「探索」新機會，才能持續發展。這表示要勇於嘗試新流程，網羅新式人才，投資新技術；這表示必須發明或引進新觀念，以求滿足顧客需求，進入新市場，超越對手或至少與之並駕齊驅。麥當勞挪出販售大麥客的部份營收，用來探索新機會。問題不在於麥當勞或其他公司究竟是應該利用舊觀念還是探索新機會，爭論此二者中何者才是唯一正確的方法根本毫無意義，這就像爭論引擎或傳動系統何者對汽車比較重要，或是心臟或大腦哪個對人體比較重要。兩者都是不可或缺的前進動力。眞正的問題在於：應當如何把公司的時間和資金在這兩者間做適當的分配。

和其他長期以來表現卓越的公司一樣，麥當勞不斷嘗試新觀念。麥當勞設於芝加哥的核心創意中心（Core Innovation Center）持續在研發新產品，或是用新作法來製作舊產品、設計新的顧客排隊等候的方法，以及在全功能廚房不一樣的工作方式。麥當勞在設有公司的世界各國，也都設有類似的研究單位，以研發、嘗試新產品爲任務。例如，此刻麥當勞正研究把可口炸薯條的時間由現行的兩百一十秒縮短到六十五秒。而求新求變不只限於總公司的研究室；大麥客是在匹茲堡（Pittsburgh）經營十二家商店的迪爾加迪（Jim Delligatti）在一九六七年發明嘗試而成的。其他成功的案子也不勝枚舉，例如烏拉圭的荷包蛋漢堡（McHuevo）、印度的素食雞塊（Vegetable McNuggets）。美國本地則創新推出「都是爲你」（Made for you）方案，所賣的不是保溫中等待顧客上門的成品，而是在顧客點餐之後的現做品。但大部分的嘗試是失敗的，例如在美國推出的瘦身漢堡（McLean），以及在英國推出的乳酪醃黃瓜口味的農夫漢堡（McPloughman's）。

我的奇招之所以能激發創新，原因在於招招都可幫助公司至少做到以下三點的其中之一：

一、擴增現有知識的多樣性；

二、用新角度看待舊事物；

三、揮別過去。

這三項原則乃是創新工作的基本原則，但如下表所示，適用於例行工作的卻是另外一組原則。下表不但有助於了解我是從何得出我的奇招，以及爲何它們有效，也有助於了解爲什麼許多經理人不知不覺中採用了許多無法激發創意的錯誤作法。

基本組織原則：利用／探索

利用老方法：例行工作的組織	探索新方法：創意工作的組織
消弭變異性	擴大變異性
以老方法看舊事情	用新角度看舊事情
複製過去	揮別過去
目標：立刻獲利	目標：以後獲利

變異：一大段的差別

希望員工按現行有效方式工作的公司，就會想法子消弭變異。這往往表示他們在用經過時間考驗的方法在做例行工作。這就是爲甚麼整體品管專家一再強調，若想減少錯誤、降低成本，並且提高現有產品和勞務的效率，就必須消弭人爲的和機器造成的變異。半導體的龍頭英特爾公司（Intel），主要就是靠所謂「完全複製」（Copy Exactly）的製造技術稱霸業界。英特爾的經理人一旦認可一項好點子，就會以宗教般的狂熱在全球各地的英特爾工廠全面推展，連產品的顏色都嚴加規定。同樣，奇異公司（General Electric）執行長威爾契（Jack Welch）把「六標準差」（6 sigma）奉爲圭臬，希望利用這套品質控制系統把重覆性的流程錯誤率降低到百萬分之一。

如果一個組織用來做現有工作的現行方法是行得通的，那麼就有必要消弭變異。英特爾對每一枚電腦晶片的製造步驟都逐一規範；飛機的操作、疝氣之類的簡單外科手術或迪士尼樂園內的遊戲器材操作，也都有一套標準的作業流程規範。在上述這些案例中，如果不照章行事，非但不是一種創意行爲，反而代表缺乏訓練、不夠專心、失職、亂紀，甚至愚蠢。例如，Aeroflot 航空公司五九三班機的機長違反規定，在飛行途中教他的孩子駕駛飛機，這就是愚蠢而不是創意。他先是讓女兒駕駛，然後是兒子；很不幸的，這個十五歲的男孩在操縱飛機時犯了失誤，造成飛機失速，急速墜落，這時連身爲駕駛的父親也束手無策。機上七十五名乘客全數罹難。無論是駕駛飛機或組裝汽車，按照有效的固定程序來操作有許多好處，其一乃是安全！採用經過不斷測試的可靠方法，比起採用創新而未經實證的方式，不但是更安全、更有效率、更便宜，而且品質一致。

然而，如果組織的目標在於創新，那麼員工的行爲、思考和生產就必須有各種變化。有些在一套以老方法做舊事情的制度裡面被視爲錯誤和變種的作法，卻很可能正是創新的源頭。員工必須不斷尋找和蘊育新點子，而新點子就像動物或植物的變種，通常無法延續和散佈。當然，這種把變異、新組合及現有品種的突變視爲創新品種之源頭的觀念，來自於達爾文的進化論。生物學家古爾德（Stephen Jay Gould）在《全家福》（*Full House: The Spread From Plato to Darwin*）一書中曾說明，爲什麼這種把變異加以擴大，而非縮小的做法，不但可以在生物系統造成優越性，也可以在社會體系中促成卓越：

> 卓越，指的是一大段差異，不是單點的不同。在這一大段上面的任何一個點，都可能蘊藏著優秀或缺陷的因子，我們必須努力讓每一個不同點都脫穎而出。社會經常在無意間把制式而平庸的規定壓在原本豐富的卓越性之上……如果能認清，各式各樣的變異乃是自然現象，並加以尊重與維護，將有助於遏止這種（平庸壓過卓越）趨勢，從而保存任何一種演化體系中最可貴的原料，亦即變異本身。

許多行爲科學家都引用達爾文演化論的觀點而後加以修正，在這浩瀚文獻裡面，最引人深思的發現之一是：從人、知識、行爲和組織架構所展現的變異，對於創造力和創意乃是至關緊要的因素。賽門頓（Dean Keith Simonton）的研究顯示，若要了解像莫札特、莎士比亞、畢卡索、愛因斯坦和達爾文本人等天才人物的成就，用演化論所提的「一大段差異造成卓越」的觀點最能夠找到解釋。這些知名創新人士的觀念不但領先同時期的人一大段，並且生產更多作品。他們成功的比例並不比同儕來得高，他們只是嘗試的次數比較多。因此他們既有比較多的成功，也有比較多的失敗。當然也有些天才不屑於這種方式，而他們對後世的影響也就不如其他天才。例如，偉大的畫家維美爾（Vermeer）終其一生的作品不到五十幅，但風格都很接近。雖然他的作品之美讓人讚嘆，但他達成的只是單一成就，不及畢卡索多采多姿的題材和對後世的影響。

從針對團體和組織所做的研究發現：變異和集體創意的重要性是一樣的。新觀念的產生，是在團體或組織的成員能有多元的思考和行爲，表達出多種意見，而且與組織外的多元知識有所連結，並且保留與善用這些多元技術知識的時候。其實，早在學術界針對創新做研究之前，就有人認爲，創新來自於寬廣而多樣的觀念。愛迪生曾說，發明家需要「一大堆廢物」。他的西橘實驗室（West Orange Laboratory）裡「有一間井然有序的儲藏室，收集以前實驗所留下來的器具和設備」，其中包括「機械工具、化學藥劑、電器設備和一堆用品——不但有各種長度的鋼條和水管，還有海馬牙齒和牛毛等稀奇古怪的東西」。這「堆積如山的雜物」

是愛迪生和同僚用來發明新事物所用的素材。

若採用演化論的觀點，就表示認爲變異很重要，因爲要找到一些有用的點子就得先嘗試過很多行不通的方法。這也是爲什麼科學研究通常也會嘗試失敗。正如英國一位知名的神經學家葛琳菲德（Susan Greenfield）所言：「安全二字，用在性比用在科學方面更合適。」相同的道理可以說明 Capital One 銀行成功的故事。Capital One 銀行曾被譽爲全球最有創意的信用卡公司。就在幾年前，差不多所有的信用卡都一樣：只要一年繳二十美元的年費就可以申請一張，而且利息都是百分之十九．八！Capital One 銀行首創區隔目標客戶，根據使用者的信仰、習慣和關係，提供數千種不同利息和額度的信用卡：「他們花招百出，有不同的信用額度、哩程回饋、卡片設計和郵寄信封的顏色。他們以不同的手法挽留客戶和催討帳款。基本上，Capital One 做的就是永無止盡的嘗試。」這家公司光在二〇〇〇年就有高達四萬五千種的測試活動，這些測試鎖定的是越來越明確的目標，例如「開釷星（Saturn）汽車、中等收入、愛登山健行的萬事達白金卡持卡人」。這幾萬個點子裡面多數是失敗的，但經由各式各樣變異的測試和不斷的學習，卻是今天 Capital One 銀行能擁有三千萬信用卡客戶的主因。

玩具業也有相同的故事。位在加州帕洛奧圖市（Palo Alto）的ＩＤＥＯ產品設計公司，與一家叫做天際線（Skyline）的玩具設計工作室配合。從天際線的創辦人兼負責人波伊爾（Brendan Boyle）身上，我們清楚看到：一家有創意的公司需要各式各樣的點子，而且，要有很高的失敗率才造就得出成功。波伊爾和他的設計師們，決不放過任何一個大夥兒在動腦會議上和私下聊天或靈光乍現所冒出的妙點子，因爲他們的點子可以出售或授權給像美泰兒（Mattel）和費雪-普萊斯（Fisher-Price）這類的大型玩具商，由後者製造、經銷和上市。波伊爾給我看一份試算表，上面列出了天際線公司在一九九八年共產生四千多項新玩具的點子。（天際線公司的員工不到十人）他們認爲其中有兩百三十個有希望發展成有賣點的樣稿或工作原型，但最後只賣出十二項點子。「收益比」只有千分之三，而有賣點的點子也只有百分之五。波伊爾指出，實際的成功率比這更低，因爲有些被買下的點子根本從來沒有推出上市，而上市的也只有一小部分成爲熱賣品。波伊爾說：「沒有那許多愚蠢的、差勁的和瘋狂的點子，就不可能出現妙點子。公司裡沒有人有本事預測哪個點子是在浪費時間，哪個點子又會是下一個成功的飛比（Furby）。」

不過，不是所有的新興事業都需要——也不見得都能承受——如此高的失敗率。創投公司的失敗率就比較低（但也夠顯眼的了）。在接受矽谷一些知名創投資本家挹注資金的新興企業家當中，只有百分之十至三十能交出耀眼的財務數字，其餘絕大部分都無功而返。什麼是恰當的失敗率，端看產業和技術而定，但凡是創業型公司就都不斷接納、保留並嘗試各式各樣的新鮮事物；他們遇上很多死胡同，但不斷從成功和失敗的案例中汲取經驗。變異，象徵一家公司不斷創新，不斷提出令人精神爲之一振的新點子、產品和服務，使得競爭對手瞠乎其後，只能抄襲或追趕，或是嘆聲：「我怎麼就沒想到這一點？」

另外，和形形色色的人共事也是創造多樣點子的妙招。智庫公司（BrainStore）是一家位於瑞士畢爾市（Biel）的「點子工廠」，它雇用了一群青少年解決客戶的疑難雜症。公司創辦人之一的梅特爾（Markus Mettler）說：「我們要的不是平凡的點子，而是瘋狂的點子。我們雇用青少年找點子，因爲他們不會被別的想法擋住。」梅特爾的夥伴史特尼茲勒（Nadja Schnetzler）則補充說，該公司融合了「專家的專業和孩子們奔放不羈的熱情」。他們指派十七歲的青少年替雀巢（Nestlé）和瑞士鐵路（Swiss Railway）等大公司設計產品和廣告。由於融合了專家和新手、年輕人和資深同仁的觀點，這家公司爲顧客提供了多樣化的解決方案。

任何團體都可以藉由擴大「差異區段」來點燃創意的火花——這是許多品質企劃案創新的第一條組織原則。品質改善小組的動腦會議和試驗活動尤其應該將它奉爲圭臬。連汽車製造和旅館管理在想辦法消弭現有流程的變異時，也會在想法的形成和測試階段將差異擴大。大多數的工作兼有例行性和創意性的特質；本書所提到的奇招妙式，希望幫助個人、團隊和公司更瞭解這兩者之間的差別，並且能更輕鬆自如地轉換這兩種性質不同的工作。

我在下一章會說明，以創意爲基礎的公司不但要具備多元的知識，還得嘗試把知識應用在不同的用途上，設法將之用新方法加以結合。這是十一又二分之一奇招都能奏效的原因之一：每一項乍看不合常理的做法，都能引進更寬廣的想法。

「識相曾似」：新角度看舊事物

創新的第二條組織原則，乃是以新角度看舊事物，或謂「識相曾似」。如果說「似曾相識」

(déjà vu) 指的是面對一種全新的經驗卻有曾經經歷過的感覺，那麼「識相曾似」(Vu ja de) 就是指經歷過（或見過）千百次了，卻有一種全新經驗的感覺。

「識相曾似」的感覺未必是件好事。平日訓練有素的人，由於壓力、失神、訓練不足或不勝任而表現失常時，很可能會釀成巨禍。組織學家威克（Karl Weick）以「識相曾似」一詞來說明這種異常的行爲。他舉的例子是十九位身經百戰的資深空降森林滅火員，在蒙大拿州曼高區（Mann Gulch）一場大火中，面對竄高的大火，竟忘記了所學的一切。這群技術純熟而經驗老道的森林滅火員，由於隊員們一時亂了陣腳，加上死神當頭的慌張失措，所展現出的行動彷彿「我從來沒有這種經驗，我到底身在何處？誰能幫我？」結果其中十三人不幸殉職。但威克所舉的例子適用於多數的例行性工作，對創新性的工作並不適用。

這種可能會使森林滅火員或駕駛員殞命的狀態，卻可能可以造就一位需要創新的員工。「識相曾似」態度可以培養知識和創造力。我第一次聽到「識相曾似」這個名詞，是出自一九八〇年代航海比賽的常勝軍米勒（Jeff Miller）口中。米勒說，偉大的航海家擁有「識相曾似」的心理狀態，「對相同的熟事熟物卻有全新的感覺」，因爲這「讓你在每一次比賽中都得到小小的收穫」，並「讓你保持對這項運動的熱誠」。米勒風趣又深入的一番話，讓我領悟到有創造力的人和公司也有相同的態度。他們一直觀察著同一件事，但不斷調整該思考哪些層面而又該略過哪些。

米勒同時也擁有生物化學的博士學位。所以，或許他那番話的靈感來自於第一位分離出維他命C的諾貝爾獎得主，也是生化學家的辛特-格吉（Albert Szent-Gyorgi），辛特-格吉說：「形成新發現的因素之一，乃是和別人觀察同樣的東西，但有不同的思考。」有一個很好的例子是在二次大戰期間，統計學家華德（Abraham Wald）研究如何增強戰鬥機的機身安全。那時英美的空軍因爲許多戰機被擊落而憂心忡忡，於是希望加強機身厚度，卻不知從何下手。華德於是在剛從戰場返航的戰機機身彈著處作記號，發現了兩處著彈最少的地方：一是在兩機翼之間，另一處是在機尾。於是華德建議，補強機身彈孔較少之處而不是較多的地方。爲什麼？因爲戰機的中彈是隨機的，而他研究的是沒有被擊落的飛機！所以，他所沒有看到的彈孔點——在那些永遠無法返航的戰機上——才是需要增強的部分。

高科技創新公司也有相同的「識相曾似」態度。昇陽電腦公司（Sun Microsystem）的天才工程師喬伊（Bill Joy），曾經是UNIX作業系統的主要設計人之一，也參與設計昇陽微處理器中最重要的晶片裝置，同時對網際網路現今技術上的繁複深奧也居功厥偉。喬伊因此被譽爲「矽谷最聰明的男人」（雖然他不住在矽谷，而住在科羅拉多州），以及「網際網路的愛迪生」。他最爲人稱譽的特色是他能用與眾不同的角度看問題，和「在最後一刻出現的程式設計功力、天馬行空的思考和揮灑自如的技術力」。這從他的學生時代就可略見端倪。多數學生在攻讀博士學位時，總希望進入設備一流的學府，特別是像他們這種學電腦的人。但喬伊反其道而行，他說：「我選擇了柏克萊大學（而不是加州理工學院或史丹福大學），是因爲它的電腦設備位居此三者之末。我想，這一定會逼我更用功一點。」

「識相曾似」，可以成爲團體和公司的一種文化特色。「識相曾似」的態度可以在後天學習，而不一定是與生俱來的。剛過八十大壽的薩塔沙斯（Ettore Sottsass），依然是義大利最著名和多產的設計師之一。薩塔沙斯是從擔任奧利維迪（Olivetti）和亞勒西（Alessi）之類的義大利公司的工業設計師起家，而他也是雕刻家、攝影家，並且也是曼菲斯設計集團（Memphis Design Group）的創辦人之一。他和幾位年輕設計師於一九八〇年在米蘭創立了薩塔沙斯公司（Sottsass Associates），採取前衛的設計手法，作品包羅萬象：從電子電話簿、高爾夫球桿、位於中國的度假勝地，到機器人、米蘭機場的內部設計，到電視、電話、組裝式窗戶和紐約公寓的裝潢。在多數現代設計刻意強調協調和理性，著重功能而捨棄花俏的時候，他們的理念卻是：現代生活中所使用的及所看到的東西，都應該能挑起我們的強烈情緒。他們認爲，湧出強烈的感受，即使是負面的感受，也比無動於衷好，寧可感覺生氣盎然，也不要麻木不仁、死氣沉沉。

薩塔沙斯公司大膽採用罕用的色彩、形狀和尺寸，帶領大家脫離現代生活的枯躁煩悶。薩塔沙斯用自己的作品當作激發靈感的教材，教導同事們以不同的態度看事情。例如他一九六九年替奧利維迪公司所設計的，最爲人津津樂道而且熱賣的「華倫泰」（Valentine）手提式打字機，就採用了鮮紅的唇膏顏色。薩塔沙斯也會親自指導同事，像是建議他們採用色彩和形狀，做些讓人看了不舒服而不是賞心悅目的「長相怪異」的設計。

以販售創意爲生的明屋公司（BrightHouse），內部也充滿了「識相曾似」的態度。該公司的客戶包括可口可樂、哈迪斯（Hardee's）和喬治亞太平洋（Georgia Pacific），每一個點子收費五十萬到一百萬美元之間。公司創辦人雷曼（Joey Reiman）一向反對眾人視爲理所當然的「做事越快越好」的觀念。他誇稱明屋公司「用釀蜂蜜的速度在做事」。他再三強調，偉大的點子是急不得的。「我告訴客戶，我們將是你所見過速度最慢的公司，而且收費也最貴。」明屋公司一次只想一個點子，這家小公司（約二十人）的每一位員工，花兩到三個月的時間爲單單一家客戶思索創意點子。雷曼是在經營一家傳統廣告公司許多年之後，才發展出這套工作模式。他認爲，以前的工作大都是急就章，而且爲討得不同客戶的歡心而抹殺創意。明屋公司有個讓人難忘的得意之作，那是替香水業的龍頭卡迪公司（Coty Inc.）創造「幽靄」（Ghost myst）的香水，這是第一種以價值與靈性兼備（強調「內在美」而非「外在美」）爲市場訴求的香水。幽靄成爲一九九五年最暢銷的香水，其他的香水和化妝品公司紛紛仿效，掀起一場追求心靈之美的熱潮。明屋公司的競爭優勢是：當世上充斥著講求速度的兔子時，他們卻以深思熟慮的烏龜姿態脫穎而出。一旦你放慢腳步，眼前的舊事物就會呈現不同的風貌，而你可以用不同的角度思考它們。

不管如何做到「識相曾似」，這都是一種能在不同的意見和觀念之間來去自如的能力。這表示要把注意力從物體或型態的表面，移轉到它背後的意義，介於心理學家所謂的「形象」（figure）和「背景」（ground）之間。這表示要把本來被想成負面的東西改從正面思考，或者是把正面的東西反過來從負面思考。這也可以表示把因果關係的假設互換，或是把重要和次要的角色對調。這代表不靠自動導航系統過一生。本書提到的許多奇招，將會教你如何把「識相曾似」的態度融入工作。

揮別過去

許多商業報導大肆渲染緊守過去歷史所造成的危險，言之鑿鑿。但是我們常常因爲急於打造更好的產品和更優秀公司，忘記了多數的新點子是壞的，而多數的舊點子是好的。對此，達爾文主義果然說中了。新產品和新公司被淘汰或失敗的比率，遠高於舊的產品和公司。市面上每年都推出數十種新式的玉米片，卻都鎩羽而歸，Cheerios和Wheaties玉米片依然獨佔鰲頭。每年也有數百種新玩具上市，卻多以失敗收場。即使有些玩具能像飛比或比妮寶貝(Beanie Babies)掀起短暫的熱潮，也只是曇花一現，不像培樂多(Play-Doh)能夠穩健長久。如果眞是如此，那麼「不創新就得死」(innovate or die)這句話就要改成「創新必死」(innovate and die)。大部分的情形是，經過千錘百鍊的可靠方法，還是勝過全新的、改良過的方法。

我並不是要說服你的公司拋棄現有的例行作法，全心全力投入創造新的思考和行爲模式。事實上，按既有的有效方式做例行工作，在大多數時候都是正確的；把過去的經驗當成未來發展的典範而全心學習過去，也是明智之舉。就像醫院希望外科駐院醫生在動手術時能和資深前輩一樣純熟，航空公司希望新駕駛的飛行技術能和資深機長一樣熟練，麥當勞希望每一位新進員工做出來的大麥克口味始終如一。

這是否就意味該停止創新呢？當然不是。問題在於，世界瞬息萬變，技術日新日異，競爭對手的產品和服務推陳出新，而且消費者的偏好求新求變。置身一個創新至上的時代，本書的一些觀念一定能幫助你和公司迎接時代的挑戰。許多公司因爲開創出嶄新的、更好的未來產品而獲利豐厚。所以，儘管伴隨創新而來的是高失敗率和龐大的資源投資，但每一家公司與企業都還是應該不斷用更好更新的方法取代老舊的作法。

例如，茶包自一九五一年出現在英國消費者面前以來，就一直是正方形的形狀，從來沒有人想過改變形狀。直到一九八五年，英國主要的茶包製造商里昂泰立（Lyons Tetley）才開始測試消費者對圓形茶包的反應。里昂泰立的行銷公司人眾觀察（Mass Observation）進行研究顯示，消費者對於圓形茶包有強烈的偏好。於是里昂泰立在英格蘭南部進行初期的銷售測試，之後在一九九〇年一月在全英國推出圓形茶包。結果，里昂泰立在英國的茶包市場佔有率從百分之十五躍升到百分之二〇，僅略次於PG提普（PG Tips）。PG提普爲了不被趕上，就在極機密的情況下發展新形狀的茶包。PG提普的錐體茶包於焉問世，這種模仿茶壺泡茶過程的立體茶包比傳統方形（或改良後的圓形）茶包沖泡得更快。PG提普於一九九六年推出這種金字塔型的新型茶包後，漸漸呑食里昂泰立圓形茶包在許多區域的銷售量。三十四年來，茶包的形狀一成不變，直到研究員以新角度看舊事物，情況才爲之丕變——這就是「識相曾似」。

新興的產業和公司也會和老公司一樣死守過去。人常常會根據薄弱或不實的證據，快速形成難以撼動的信念；更糟的是，多數人一旦採用特定的方式行事——而且往往並不自知——以後，即使這種做法證明無效，還是固執己見。這種被心理學家稱爲盲從（mindless）的行爲模式出現在各種公司企業身上。例如，在Palm Pilot問世之前，市面上先後推出的各種掌上型電腦都全軍覆沒。一九九〇年代，Palm電腦公司和蘋果電腦（Apple）、Slate、Go和夏普（Sharp）等公司紛紛推出各種掌上型電腦，卻以失敗收場。Palm公司推出的第一款手持電腦叫做Zoomer，這款機種和其他競爭產品一樣以完備的功能爲訴求；然後，Palm的競爭對手爲了挽回下滑的銷售量，又發展功能更強的手持電腦，功能趨近個人電腦。業界認定消費者要的是一部個人電腦的翻版，功能越多越好。然而，Palm公司的霍金斯（Jeff Hawkins）經由消費者調查，恍然發現這個產業一直都在錯誤的假設下發展。他領悟到：「我的競爭對手是紙張，不是電腦。」從此，其他公司都變成了歷史。Palm由於以新的角度看相同的問題，才能夠拋棄錯誤的觀念，而發明了史上最暢銷的消費性電子商品。

企業如果要揮別過去，就必須改變觀念，並培養「識相曾似」的態度，如此才能提供創新的原料。但這只不過是手法之一，我其他的奇招妙式也可以幫助企業揮別過去。

奇招妙點子

下表列出十二組（實際上是十一又二分之一）行爲的對照表：上欄列舉的是大家耳熟能詳的傳統管理規範，包括聘雇與管理員工、決策、面對過去和外人互動等；這些規範是藉由消弭變異、用老方式看舊事物和複製過去等方式幫助公司完成例行工作，所提出的建議不外乎網羅所需要的人才、利用資深人員訓練新進員工、獎勵成功和懲罰失敗、擬定切實可行的計劃、複製過去的成功經驗等等，這些是老生常談，聽起來甚至讓人覺得無聊。

然而，聽聽我的十一又二分之一奇招（在表的下欄），你會覺得它們和上欄那些一般公認爲正確管理規範的做法截然不同，而且有趣多了。

有效的管理規則：利用與探索的組織規則

利用舊方式／傳統觀念	探索新方式／奇招妙點子
1 雇用對組織規範學得快的人	1 雇用對組織規範「學習遲緩」的人
1½ 雇用你喜歡、看得順眼的人	1½ 雇用你不喜歡，甚至看起來礙眼的人
2 雇用你（或許）需要的人	2 雇用你（或許）不需要的人
3 利用面試篩選並招募新員工	3 利用面試找新點子，而不是篩選應徵者
4 鼓勵同仁注意老闆和同僚並聽從指示	4 鼓勵同仁漠視並挑戰主管和同僚
5 找性情溫和的人，也不讓他們爭鬥	5 找性情溫和的人，鼓勵他們彼此爭鬥
6 獎勵成功，懲罰失敗和散漫怠惰	6 獎勵成功和失敗，懲罰散漫怠惰
7 決定進行可能成功的案子，然後說服自己和其他人，成功就在眼前	7 決定進行可能失敗的案子，然後說服自己和其他人，成功就在眼前

8想一些完美或可行的案子，加以規劃	8想一些荒謬或不切實際的案子，加以規劃
9尋找並留意那些懂得評估和支持某項工作的人	9避開消費者、批評者和只知談錢的人，或讓他們分心，覺得自討沒趣
10盡可能向那些看來能解決你眼前問題的人學習	10不想從那些説能解決你眼前問題的人身上學任何東西
11記住並複製公司過去成功的經驗	11拋開過去，特別是公司過去的成功經驗
結論：所謂效率，指的是有效運用現行觀念	結論：有創意的公司和團隊是很沒有效率（而且往往很煩人）的工作場所

事實上，我這些奇招大多和在例行工作中被視爲理所當然的常規完全相反。這些奇招得以奏效，原因在於它們能夠擴大知識的變異、幫助大家以新角度看舊事物，並協助公司揮別過去。而且這些奇招都有完整的實務根據和研究，不是信口開河。我整理了新近的若干學術著作，用以支持（反駁）我提出的觀點，進而激發更多靈感，並讓這些奇招揮灑起來更有威力並成爲輕鬆的話題。我研究過這些妙招，也不斷和史丹福大學的學生、同僚與各地人士切磋討論。

這還不夠，我不希望這些觀念淪爲紙上談兵，所以書中所選的奇招都是實際經過一些公司以某種型式採用後證實可行的點子。過去十年，我不斷修改我的「奇招」，向多位資深主管、經理、工程師、科學家、律師和其他超過一百多個職業團體發表演說。我鼓勵每一個團體針對每一個觀念加以討論並挑出毛病。他們提出了一些建設性的批評，表示自己的公司早已採行這些妙招外，還熱心提供獨門怪招，因此，本書的奇招可謂兼具健全的學術和實務基礎。

爲什麼這些奇招看起來那麼怪

書中的十一又二分之一妙招都有完整的理論和實證基礎，也經過許多以創新爲命脈的公司實際採用。但本章開頭所提的問題還沒解決；而如果你相信這些是可行的妙招，心中不免仍有疑惑：爲何這些觀念聽來匪夷所思？原因之一就是我一開頭招認的，我特意讓它們顯得怪異，好吸引並取悅讀者。但這還是沒有解釋我怎能想出這麼多立論完備卻看來怪異，甚至乍看之下認爲是大錯特錯的觀念，也沒有說明爲什麼這些觀念儘管說起來平淡無奇，但許多公司的員工還是排斥種種激發創意的妙法。

傳統的組織觀念之所以被當成管理的金科玉律、奉爲放諸四海皆準的眞理，是有原因的。首先，幾乎人人都認爲賺錢才是好事，賠錢則是壞事。然而，對多數公司而言，產生和測試想法至少在短期裡是一件賠錢的事。而要在眼前就賺錢的唯一方式，就是重覆現有的服務或製造現有的產品。當然也有例外，像是以創意爲生的廣告公司和設計公司。然而，絕大部分從事並管理例行工作的人，也就是那些採用前表上欄規則的人，在公司的影響力和地位都比從事創意的人高。對公司來說，這批人才能公司賺錢，而那些初生之犢只會賠錢！像3M和瑞士諾華藥廠（Novartis）那種由創意人員掌大權的公司，畢竟少之又少。

更糟的是，多數公司對於例行工作和創新工作採用一視同仁的評量標準。他們採用傳統觀念的第六條：獎勵成功，懲罰失敗和懶散怠惰。這一條規則套用在例行工作時是完全正確無誤的。畢竟，當訓練有素的員工操作習慣程序卻出了疵漏時，這顯示訓練不當、缺乏誘因或欠缺領導統御能力。但若把這個標準套用到創新工作，就有扼殺智能的風險。傳統獎勵制度的結果往往是例行工作的員工由於比較少出錯，所以成爲集榮耀於一身的勝利者。相反的，對創意人來說，失敗是常事，因此非但輪不到獎勵，還常被譏爲失敗者。許多公司負責例行工作的員工經常埋怨：「要是這些創意人多學學我們，就會更有效率而且不會老犯錯！」

最後一點是，我的觀念會被認爲怪異，那是因爲公司還在用傳統規則，很少使用我這些妙招。許多公司投入大批人力和財力在例行工作上；然而，究竟該如何把人力和財力分配在利用老觀念和探索新觀念這兩者上面，端視產業性質而定。但連一些把創新叫得滿天價響的公司，投入產生、測試新產品以及服務的資源卻也微不足道。我們可以把公司的研發費用與製造、行銷和財務等例行工作的預算分配比例拿來當作這種失衡現象的指標。雖然這種衡量指標失之粗略，因爲研發工作裡有例行工作，而例行工作裡也有創新，但它還是有參考價值。多數上市公司的研發費用不到全年預算的百分之二。連ＩＢＭ、朗訊科技（Lucent）、惠普科技（HP）、西門子（Siemens）、全錄（Xerox）和奇異這些以創新聞名的公司，其研發費用也只介於百分之五至六之間。3M研發部門的前副總裁柯尼（William Coyne）指出，3M的獲利絕大部分來自於新產品，但大部分員工從事的是製造、行銷之類的工作（這也是3M預算最大的一塊），才能把這些新點子轉爲生財工具。3M在一九九九年的收入有百分之三十來自於上市不到四年的產品，但過去五年來，研發經費佔收入的比率都維持在百分之六·六左右。而一些設立研究實驗室專門從事尖端研究的公司的比率就更低了。全錄公司位於帕洛奧圖市的研究中心PARC，以發明了位元映射顯示（bit-map display）、下拉式選單和雷射印表機等這類推動電腦革命的技術而聞名，然而全錄公司歷年來花在PARC的研發費，從未超過全年預算的千分之三。

研發經費相對稀少的情況，足以說明爲何鼓吹創新的作法不但顯得異常並且讓人覺得不自在，以及爲何有些經理人明知創新勢在必行卻踟躕不前。許多研究顯示，在不考慮其他因素的情況下，人接觸某事物的時間愈久，對它的感覺就愈正面，而接觸時間愈短，對它的反應就愈負面。這種「曝光效果」（mere exposure effect）存在於「幾何圖形、任意多邊形、中文和日文等表意文字、大頭照、數字、字母表中的字母、姓名裡的字母、音調的隨機排序、食物、氣味、口味、顏色、眞人、一開始就喜歡和不喜歡的刺激」。僅管人們對這種曝光效果的存在渾然不知，或否認有這種效果存在，但它確實存在。它存在於各式各樣的人種和文化，甚至在針對胎兒的產前研究也得出有此效果，其中最有趣的一項研究問受測者比較喜歡自己的哪一張照片：一張是正常的，另一張是左右顚倒。左右顚倒的照片就是一般人在鏡中看到自己的影像，而正常照片是別人看到自己的樣子。可想而知，受測者比較喜歡自己左右顚倒的照片，但他們的朋友喜歡的是正常的照片。

學習妙點子的最佳途徑

該如何避免陷入扼殺創意的例行工作呢？若欲從本書中——和其他有違常理的觀念中——學習，最佳途徑就是時時反問自己：萬一這想法眞是對的呢？我該以哪種不一樣的組織或管理方式來激發公司的創意？我該如何把自己變得更有創意？我不但希望我的觀念和點子能激起讀者躍躍欲試之情，也希望喚起你自己思考和嘗試創意點子，特別是那些與公司或產業現行而又視爲顚撲不破之觀念有所衝突的點子。

你要在心中不斷玩味這些觀念，並且在公司試驗一番。就像盡情把玩新買來的玩具：試著拆卸，看看裡頭如何運作，試著改良，把它們（或是它的一部分）拿來和其他玩具重組。我所提的觀念不是永恆的眞理，但曾幫助一些公司成功轉型、獲取利潤，相信它們對你的公司也有用。這些觀念能幫助任何公司打造一支創造力充沛的團體或部門，或是爲那些素來倚重反覆測試之可靠方法的公司注入創造力。即使你的團體或企業靠著一成不變的方法至今依然風光，但本書中的許多規則還是有助於你們暫時換換腦筋，學習一點新事物，用新角度看老問題，並且揮別過去。

在正式進入這十一又二分之一妙招之前，以及在說明這些招式爲何管用，又如何在公司激發創意、如何套用在工作場所之前，還有一個大問題懸而未決。我不斷強調創造力的重要性，但還未說明它的定義。下一章就會對此詳加說明。一旦你了解了創造力的結果，種種關於打造創意公司的神秘感就會煙消雲散。

2
創造力倒底是甚麼

創造力常被形容成某種無法定義、描繪或是模仿的東西。

但事實上，創造力並沒有這麼神秘。

新的產品、服務和理論並非無中生有的戲法。

創造力源自於將舊觀念應用在新方法、新場所或新組合。

所有的天才可說都是過濾器。他們孕育自相同的來源——生命中的血脈……天才創新的起源毫無神祕之處。我們每個人身上都流著創新者、國王、詩人和音樂家的血液；只要敞開胸懷，發掘原本就已存在的因子。

——小說家亨利・米勒（Henry Miller）

就某種意義而言，我只是把已經存在的元素組合在一塊，就像發明家時常做的那樣。我們不可能組成一個新元素。如果真有所謂的新元素，也不過是既有元素按照它們習慣的方式所做的組合。

——卡利・穆林斯（Kary Mullis）提到在他那本有關聚合酵素連鎖反應（polymerase chain reaction）的諾貝爾得獎作品中所使用的處理方式。

就算擁有全球最好的新科技，但如果你無法說服某人買下它，那麼即便有足夠多的人對它有所需求，這項技術也是一文不值的。

——奧傑・邁可林（Audrey MacLean），前 Adaptive 的執行長，也是許多新公司的「財神爺」。

創造力常被形容成某種無法定義、描繪或是模仿的東西。但事實上，創造力並沒有這麼神秘。新的產品、服務和理論並非無中生有的戲法。創造力源自於將舊觀念應用在新方法、新場所或新組合。

第一章所介紹的探索三要素必然都是把舊知識套上新方法。引進一些在其他地方被視爲舊的但在公司或公司某部門看來卻是新的的觀念，這樣就能擴大「變異性」。「識相曾似」是指以新角度看待公司內外的舊事物。而「揮別過去」通常意味著從他人和別處引進思考和行爲的新模式。新點子來自舊點子。這就是爲甚麼愛迪生的實驗室裡會塞滿用來發明新事物的「一堆垃圾」——一些現成的材料。如果造訪位於密西根州狄爾邦市（Dearborn）重建後的愛迪生實驗室，將會注意到在展示櫃裡的許多發明物少了若干配件。這並不是遊客順手牽羊，而是愛迪生的工程師和打模工人拿走舊有發明的零配件，再創造一個新發明。

就像每人對事物的美醜好壞有主觀的看法，創意與否也同樣是見仁見智的。有些觀念即便已行之多年，但對第一次接觸的人而言，只要覺得它可能有價值，那麼它看起來就是充滿創意的。某些人可能把一個新觀念當作是充滿創意，但其他人則不這麼認爲。我的孩子有個可以在水中對話的寶貝玩具叫做「水底對講機」（Water Talkie），在我看來卻沒甚麼價值。我也不認爲那玩意行得通，搞不懂孩子們要講話，爲甚麼不乾脆把頭浮出水面不就得了。「水底對講機」是位於加州摩洛加市（Moraga）一家叫史特史塔克（Short Stack）玩具公司所推出的第一項產品，這項玩具是年僅十一歲叫瑞奇・史塔渥斯基（Richie Stachowski）的小男孩和他父親理查・史塔渥斯基（Richard Stachowski）在一九九六年發明的。他的母親（也是位精明的企業人士）芭芭拉・史塔渥斯基（Barbara Stachowski）一眼見到這項發明，就認定會成爲熱賣商品。她果然獨具慧眼。瑞奇和芭芭拉於一九九六年十月向玩具反斗城（Toys-R-Us）

位於紐澤西州的總部兜售，該公司立刻訂購五萬隻「水底對講機」，並造成一股銷售熱潮。史特史塔克公司（此後雇請成人產品設計師和瑞奇共事）又發展一系列其它水中玩具，隨後公司賣給另一家規模較大的 Wild Planet 玩具公司。儘管我不喜歡，但仍認爲「水底對講機」是一項創意點子。孩子們認爲一邊講電話一邊游泳既好玩又新鮮。

「水底對講機」的故事和邁可林所謂沒有市場價値的偉大新技術一文不値的說法，證明光有好點子是賣不了錢的。我們必須花點時間心思說服別人接受新點子。事實上，說不定愛迪生最大的天賦是推銷發明——而不是創造發明。愛迪生實驗室裡許多重要發明的構想和發展出自於他的屬下而非他本人。他的助手法蘭西斯、傑爾（Francis Jehl）曾感嘆說，愛迪生與其說是發明家不如說是稱職的代言人，這種「天份」往往讓人聯想到著名的廣告藝人P・T・巴納（P. T. Barnum）。但當初要不是愛迪生有本事以「門羅公園的魔法師」（The Wizard of Menlo Park）引起社會的注意和尋求財主的金援，那城市的電力照明系統就不可能鋪設得成。

所以，如果一個團隊或公司希望有源源不絕的創造力，就必須不斷替現成的點子尋找用得著的新用途和新場所，並說服他人相信我們的點子既新穎又實用。要讓員工、團體和組織做到這點，有三種環環相扣的方法。

把舊觀念灌輸給從未聽過這些舊觀念的人

要讓別人覺得你很有創意的第一招，就是讓他們見識聞所未聞的舊觀念。那些個人、團體和公司不但經常使用這招，而且使用得宜，就像一群好奇的老鼠，收集了千奇百怪卻不是立即可用的東西，他們不斷挖掘舊觀念，並且放在隨手可得的地方。如此一來，就隨時可以把準備好的觀念推銷給那些可能認爲它們既新奇又實用的人。

有些員工、公司和不同的產業之間雖然關係密切，彼此卻很少交流往來，透過這種方式尤其能讓彼此有驚喜之感。像惠普科技、ＩＢＭ和３Ｍ等大型企業授權各事業體獨立運作，也有相同的情形。負責協調聯繫這些有如獨立王國裡的內部員工，有很好的機會向大家介紹彼此從未聽過的舊觀念——通常來自公司的其它部門。這些員工和團體經常被稱作「知識掮客」（Knowledge broker）。他們謀生之道就是把現成而且豐富的觀念傳遞到從未測試和耳聞的地方。

優勢創意公司（Edge Innovations）的執行長華特·康提（Walt Conti）就是一位很出色的知識掮客。優勢公司製造電影上栩栩如生的機械野獸，像威鯨闖天關（Free Willy）中眞實尺寸的殺人鯨。康提在老東家ＩＤＥＯ公司專門和各類高科技公司打交道，從中學得複雜的控制系統和電子機械科技。當他後來替製片人喬治·盧卡斯（George Lucas）的「工業的幻影與神奇」（Industrial Light and Magic）公司工作時，發現電影業製造機械怪獸所用的技術比起他在IDEO所見的可說是小巫見大巫。康提於是成立優勢公司並請IDEO協助他的工程師發展更精巧的野獸。優勢公司由於把高科技公司的技術移植到電影事業，製造出更精良的「動態電子」（animatronic）動物。例如威鯨闖天關中出現眞實尺寸，重達八千磅的機械殺人鯨，看起來栩栩如生，觀眾分不清螢幕上出現的究竟是眞的殺人鯨凱柯（Keiko）還是優勢公司的作品。這隻假的鯨魚眞假難辨，連凱柯都想和牠親近。優勢公司還製作其它的機械野獸，包括威鯨闖天關續集中的殺人鯨、動感小飛柏（Flipper）中的海豚，以及恐怖片大蟒蛇—神出鬼沒（Anaconda）中長達四十呎，重五千五百磅的巨蛇，這條巨蛇動用超過四十哩長的電線以及七十餘部微處理器。

IDEO也善用本身作爲各行各業間掮客的有利地位從事創新工作。IDEO設計的產品超過四千種，並和數十種產業上百家的公司合作過，因此，IDEO的設計師接觸過各種不同的技術、產品和設計技巧，並把其它地方解決相同問題的成功手法應用到其它的公司或產業，爲客戶提供解決方案。例如，他們替專業自行車公司（Specialized）設計一種「瓣膜片」（slit valve）的創意水壺。這是一種單向的塑膠瓣膜，當水壺受到擠壓產生壓力時，壺中的液體只會從壺中單向流出，不會內流。IDEO工程師這些點子來自於醫療器材業的心臟瓣膜。當他們向專業公司的高級主管展示這些瓣膜片原型時，由於自行車業從沒有接觸過這玩意，自然認爲這是很新的點子，專業公司的主管相信這種瓣膜式的水壺一定會得到消費者的青睞。果然不錯，這種水壺成爲暢銷商品。

要想完成這類的創意，你不必是世界知名的專家，甚至也不必在某一領域鑽研多年或接受過正式訓練。只要善於並積極搜集各行各業的知識，然後想像如何去創造它們的新用途。只要持之以恆，自然能在公司或產業內建立具有創造力的聲譽。如果你（或你的團體或公司）夠幸運、夠精明或是足堪大任持續去發掘他人認爲新且有價值的舊觀念，那麼你也有資格稱得上是位創意人。

替舊觀念找到新用途

激發創造力的第二招是替老舊的材料、物件、產品、服務或觀念開闢新的用途。當愛迪生實驗室的設計師發明電燈泡後，面臨兩項挑戰。其一是如何找到壽命長又便宜的燈絲，另一項是防止燈泡不時地從燈座上脫落。有一天，實驗室的一位發明家想到何不妨利用煤油瓶上旋轉瓶蓋的方法讓燈泡也同樣能固定在燈座上。這個簡單又有效的設計仍沿用至今。

IDEO也做了相似的事。他們把裝在聊天凱茜（Chatty Cathy）洋娃娃上那品質佳又便宜的馬達裝到膝上型蘋果電腦。另一家設計產品的連續體設計公司（Design Continuum）舊法新用，設計一種在急診室以脈動循環的生理食鹽水清洗傷口的醫療新器材。這種稱爲脈動灌洗（pulsed lavage）的新產品必須達到清潔和安全的嚴格要求，而且還得低成本、拋棄式的。連續體設計公司的工程師想到脈動灌洗和裝電池的水槍之間有類似之處。乍看之下，急診室的器材和孩子的玩具似乎八竿子打不著。但是工程師發現這兩種產品相似之處後，靈機一動修改水槍上便宜的電動泵浦和電池以符合新醫療器材的要求。

另一個例子是蓋瑞．漢默爾（Gary Hamel）受歐洲一家數一數二的零售業者馬克斯和史賓塞（Marks & Spencer）委託所做的研究。馬克斯和史賓塞公司在英國各地的大小城鎮都設有食品店。當公司於幾年前進軍三明治市場時，才知道製作過非常欠缺效率。尤其英國人喜歡塗上奶油的三明治，也就是說公司在全國各地三明治店的員工每天都得用手把奶油塗抹在麵包片上。當時馬克斯和史賓塞公司家庭餐飲技術部門的主管馬丁．汎．史瓦恩柏格（Martin van Zwanenberg）認知到「如果我們要大展鴻圖，這種動員公司每個人在麵包上塗抹奶油的方法絕不可行。」幾天後，史瓦恩柏格拜訪馬克斯和史賓塞公司的床單供應商，發現他們利用絲網印花法印圖案。他靈機一動做個實驗：「把染料換上奶油，並用絲網印刷法把奶油打在棉花上。」該公司現在正是利用絲網印刷法把奶油塗在麵包上，這也是它現在成為英國三明治業要角的原因之一。

培樂多（Play-Doh）玩具黏土的發明過程是我最津津樂道作為舊法新用的範例之一。一九五四年，凱．蘇弗（Kay Zufall）是紐約北部一家托兒所的教師兼保姆。她總是找些有趣的新玩意給孩子玩。她並不喜歡市售給孩子們玩的塑型黏土，因為太硬根本不適合孩子的小手擠捏。恰巧她的一位連襟喬．邁可維克（Joe McVicker）在辛辛那提市經營一家小工廠，專門生產去除壁紙上油煙的揉團混合物。蘇弗向邁可維克要了一罐壁紙清潔劑，證實沒有毒性而且很容易捏揉成各種形狀。有一天邁可維克看到蘇弗在聖誕樹上掛著用乾燥後的清潔劑捏成的小星星和小鳥，對該材料可塑性之高印象深刻。於是在蘇弗的建議下，他回到辛辛那提市把產品改良成既安全又多彩的兒童玩具。蘇弗和她的丈夫鮑伯（Bob）提出培樂多這個名字，而邁可維克則繼續生產與推銷這個可說是有史以來銷路最廣、歷史最久的兒童玩具。自一九五六年以來，銷售數量已超過二十億。

借取自既存觀念並將之變更為另一用途的技術，同樣被用來設計惠而浦公司的新進員工訓練計畫，受過訓練的同仁必須教導像是美國大零售商西爾斯（Sears）公司的業務人員去銷售惠而浦公司的電器產品。這項計畫叫作「體驗惠而浦」（The Real Whirled），靈感來自一部以「寫實」為號召、廣受歡迎的MTV式連續劇——「真實世界」（The Real World）。觀眾成了劇中的偷窺狂，觀看七位年輕人共住在異國一棟豪宅達五個月之久的生活狀況。惠而浦仿效其作法，招募七位年輕人「入監服刑」二個月，共住在密西根州班頓港市（Benton Harbor）的一棟大房子。這幾位青年男女從早到晚都使用惠而浦家電，因為「我們希望他們能更貼近消費者的感受，」主管全國訓練計劃的經理傑奇・賽伯（Jackie Seib）這麼說道。二〇〇〇年夏天，這群待在裡頭的年輕人共「準備九百多道菜、洗過一百二十多袋髒衣服，使用公司冰箱、洗衣機和烘乾機的次數多得數不清。」他們也造訪地方的經銷商，並且和電器維修人員一起到府維修；此外，他們還實地參訪惠而浦的製造工廠和研究中心。到了二〇〇〇年九月，共有四個團體參與「體驗惠而浦」活動。雖然活動的實際成效有待幾年後才能完整評估，但目前為止，這種融合生活劇場、訓練和教育的作法顯然有助於惠而浦招募到頂尖的員工，讓他們對公司充滿熱情，並對公司的產品和顧客有更深刻的瞭解。「體驗惠而浦」還帶來正面的宣傳效果，因爲這家已成立八十九年的老字號電器公司，推出這種既前衛又創新的手法，遠遠出乎消費者和員工的意料。

舊法新用未必都是刻意追求，有可能是無心插柳造成的。公司這種意外的發現，有時候能造福一群始料未及的消費者。威而鋼（Viagra）和 Minoxidil 生髮劑就是這意外驚喜的例子。最初當輝瑞藥廠（Pfizer Pharmaceuticals）的研究員發現威而鋼會造成男性陰莖勃起的臨床實驗報告時，對這種「副作用」並不以爲意。這種藥原本針對治療高血壓，但療效不彰，於是嘗試治療狹心症，依然效果有限。但這回輝瑞藥廠研究員繼續追蹤先前發現的副作用，並用威而鋼進行治療勃起功能障礙的臨床實驗，終於爲現成的藥品找到新用途。同樣地，Minoxidil 原本是以藥片形式問市，用以治療高血壓，副作用是造成多餘毛髮的生長。於是普強藥廠（Upjohn）的研究員開始測試，把這種藥塗抹在頭皮上，看看能否幫助禿頭男性華髮再生。經過研究，發現半數以上的人使用後頭髮生長情況良好。現在普強生產的 Minoxidil 在美國以落健（Rogaine）的名稱上市。輝瑞和普強藥廠的研究員當初並未預期到這些副作用，但他們之所以深具創造力，是因爲敏銳觀察再加上執著不懈才能爲舊藥找到新用途。往好處想想，失敗爲成功之母。

融合現有觀念創造新觀念

創造力當然也包含全新的觀念、產品和服務。然而，多數的全新事物並非憑空創造，而是融合現有事物、觀念或行動下的產物。蒸汽引擎在礦坑使用了約七十五年後，才被羅勃特・富爾頓（Robert Fulton）裝在船上，成了第一艘具商業價值的汽輪。富爾頓因爲了解蒸汽引擎在礦坑的使用狀況，苦思改良後用以推動船隻，才有這番成就。同時，他能言善道，讓別人相信這項發明具有價值，因此他的汽輪才能產生商業價值，而同時期的人即使有相同的創意，卻因爲不善於推銷觀念得不到足夠的財務奧援。

今天，網際網路（Internet）之所以蓬勃發展，主要是有一群人思考如何融合運用現有科技，並不斷嚐試錯誤、修正，研究適合的電腦軟硬體，不到最後關頭絕不罷手。昇陽電腦公司的爪哇（Java）軟體程式就是一個典型的例子。羅伯特・瑞德（Robert Reid）說到，「爪哇程式本身不算革命性的產物，甚至連新鮮也談不上……但其中許多特色無懈可擊。但累積這些特色就成爲獨一無二的產品。」爪哇語言的創始人，有「紳士天才」（gentle genius）之稱的詹姆士・高斯林（James Gosling）說道，「就某些程度而言，我倒認爲爪哇程式毫無創新可言。」然而爪哇程式卻是一項破天荒的成就，讓一般人能輕易地撰寫、新增、貼上和修改網際網路的內容。高斯林參考的程式語言有 Smalltalk、C++、Cedar/Mesa 和 Lisp。Zaplet 創辦人之一的大衛・羅勃茲（David Roberts）更是公開贊同這種觀點。該公司發展出前景看好的 Zaplets 技術，讓「喝了蠻牛的 e-mail」（put e-mail on steroids）能讓較大的社群立即而方便地使用。羅勃茲說，「所有偉大的技術都是其它技術的合成品。」Zaplets 的技術結合了電子郵件、即時傳訊（instant messaging）和全球資訊網。

惠普科技採購部門的副總裁柯瑞・畢林頓（Corey Billington）也證明創造力其實來自於舊法新用。餐飲業有所謂組織行爲的「文法」，也就是研究餐館內五項基本動作（點餐、烹調、上菜、用餐和付款）的各種排列方式和不同順序的組合原則。畢林頓研究後從中得到靈感，利用類似的概念創造「供應鏈文法」，他將此定義爲「任務、行爲和流程的句法單位，以及這些單位的組合法則」，並依照這個法則分析惠普科技在重大的設計、製造和銷售任務所需的各項動作。畢林頓所屬的「策略性規劃與模式建立小組」（SPaM）同仁利用這套法則檢定公司供應鏈各種動作的可能排列順序以尋找更符合成本效益的順序。例如，一部HP印表機在裝上馬達和墨水匣基本裝置後，還需要完成四個步驟：⑴裝上紙匣⑵設定乙太網路（Ethernet）及對 Postscript 格式的支援⑶裝上記號環網路（Token Ring）（一種可以連結到特定電腦網路的纜線），⑷加裝當地化（localization）程式（例如，像適用法語、德語和西班牙語各種不同語言的軟體程式）。畢林頓團隊以大規模的數量模型找出這些動作最適合的排列組合方式。經過分析各種排列組合和相關成本（包括閒置和需求不確定性的成本），他們發現，如果做完第一步之後組裝記號環網路，而在客戶下訂單之後才裝上紙匣和當地化程式，將更有效率——完全不同於惠普科技當時的作法。

畢林頓說道，這套「供應鏈文法」的邏輯讓即使沒有學過數量模型的惠普科技同仁，也會改變對供應鏈的思考方式。他們會自動自發的思考每一種可能的排列方式，而不再視現有作法理所當然是最好的。他說，「我們以往總認爲爭取威名百貨（Wal-Mart）這類大客戶時，最好先製造電腦再銷售。或者至少接到的電腦訂單也該有明確的零件規格。但我們現在是先銷售再磋商——視製作當時手中握有的零件而定——如此一來，製造機器和使用零件上便有很大的彈性。這種不因標準零件延誤而影響製造的能力，爲惠普科技帶來以下好處：如果零件供應商的貨源不足，我們仍可製造規格不同但品質不變的機器。例如，一旦供應商無法按時交出原承諾的晶片，我們就可能裝上較大型的硬碟驅動軟體。或是如果可以用相同價格買到更好的零組件，而且讓顧客覺得滿意，我們就會用替代品。這種彈性作法對像威名百貨這種大客戶也有助益，因爲他們可以用相同的價格買到品質最好的機種，又可以準時取貨。」

創新的組合項目不只是既有的事物、觀念或行爲，也可能是舊的數學公式。最著名的例子是數學家安德魯・懷爾斯（Andrew Wiles）窮究八年之力解開費瑪最後定理（Fermat's last theorem）。這是有史以來最偉大的數學謎題之一，三百五十年來無人能解。懷爾斯創造一個融合數學技巧的獨特解法，但是他所融合和修改的元素早在幾代以前的數學家就已發展完成。懷爾斯在那八年之間大都獨力運作，在筆記本和黑板上運算，一而再，再而三地思考。然而他思考的問題大部分都是如何去修改和融合現有的觀念。我們從紀錄影片「證明」（The Proof）中的最後一幕，可以清楚看到舊觀念在這個創新過程中所扮演的決定性角色：呈現的是五位數學家同僚的訪談拼貼，懷爾斯融會貫通了其中列舉的二十幾位數學家先前的努力成果才得以解開費瑪最後定理。

融合既有觀念發展出新觀念的能力是科學上許多重大突破的特徵。泰德・安頓（Ted Anton）在《科學勇者》（*Bold Science*）一書中描述了七位當今世上最具創意的科學工作團隊領導人，無獨有偶的都是借用或是融合其它領域的重要觀念而開創新領域。賽勒拉基因公司（Celera Genomics）創辦人之一的奎格・文特（Craig Venter）一向被推崇爲人類基因學革命最重要的一位科學家。文特於二〇〇〇年六月二十六日在白宮的一場演說中指出，他在賽勒拉的團隊以及散落全球各地的科學家共同完成第一份人類基因藍圖，也就是人類基因碼中三百萬條訊息的索引。文特在對柯林頓總統、內閣閣員和國會議員的演說中提到，「僅僅在九個月以前的一九九九年九月八日，距離白宮只有十八哩遙的地方，由我本人率領漢米爾頓・歐・史密斯（Hamilton O. Smith）、馬克・亞當斯（Mark Adams）、吉恩・梅爾斯（Gene Myers）和格恩吉爾・蘇頓（Granger Sutton）等科學家開始人類基因DNA的排序，而我們採用的新方式也是五年前在馬里蘭州（Maryland）洛克維爾（Rockville）市的基因研究院（Institute for Genomic Research）由同一批的團隊所首倡的。」文特所屬賽勒拉的團隊和他以前的研究機構之所以進展迅速，主因在於他能察覺各個不同領域的關聯性。安頓說道，「他能洞察電腦、定序儀、現有資料庫和未知的有機體之間的關係，進而洞燭機先。」

總而言之，任何只要是使用者或評估的人認爲是全新的觀念，而且（至少其中的某些人）

相信對自己或別人有價値的話，這就是創新。以下各章節所提出的觀念雖然古怪但卻威力無窮，公司可以用來激發創意，創造利潤。我把奇招妙點子的重點擺在如何創建可爲既有知識找尋新用途的公司，但也提出有關行銷的問題。尤其在最後一章有一些秘訣，教你如何去說服別人相信你和公司都是很有創意的。

第二部

哪些怪點子

3

奇招第一式

雇用（組織規則的）「學習遲緩兒」

「學習遲緩兒」比較專注在探索新機會而不是利用舊知識。

他們不知道或不把規定當一回事，但會發揮自己的知識和技能，

或是自創順利完成工作的新觀念或新方法。

他們按自認正確的方法做事而不是因循別人，

並創造出多元的思考和作法。

達爾文念大學時，討厭學校生活，並甘於作一位平凡的大學生；然而他自我期許頗深，透過大量的閱讀、英國鄉間的科學探勘以及和知名科學家對談的方式自我教育。

——狄恩・凱斯・賽門頓（Dean Keith Simonton），創意研究員

有些最傑出的工程師只知埋頭苦幹，不擅交際應對。

——諾蘭・布希奈爾（Nolan Bushnell），亞達利（Atari）的創辦人

我不是勸你雇用笨蛋，但如果你不介意的話，最起碼也要雇用些特殊類型的笨蛋或冥頑不化的人。如果你希望公司內部見解多元、百家爭鳴和人才濟濟，就應該尋找對組織規則「學習遲緩的人」（slow learner）。所謂的組織規則代表了一家公司的「知識和信仰」、歷史、記憶、流程、慣例、規則以及對事情該用甚麼特定方式完成的那些被視爲理所當然但又不能明說的種種假設。組織規則的宗旨是以共同標準規範，「告訴你哪些該做、哪些不該做的統攝性規定，不僅支配了行動，更意味著某些約束，最終將滲入組織成員的心靈。」

一般公司篩選應徵者時，總希望找到和現有員工同質性高的人，因爲這些人能很快學習用「正確的方式」去做事，對事物的看法也和公司其他人大抵相同。如果公司希望員工重複其經由不斷嘗試來驗證的思考與行動方式，則上述標準倒也無可厚非。但從事創意的公司和團隊需要的卻是各種不同的人才，他們需要的新人必須比內部員工更具有嶄新的觀念，並從不同角度去看事物，這些新人尤其不願意像被洗腦一般，和普通其他人有著相同的思考模式。

就像未來學家喬治・蓋爾德（George Gilder）所說，他們需要的是能夠避開、漠視或排斥「一窩蜂熱潮」的人。這就是我所指的那些對組織規則「學習遲緩的人」。

詹姆士・馬奇花了十幾年時間研究學習遲緩的人。他指出，當公司不遵循規定的人的比例變高時，他們會比較專注在探索新機會而不是利用舊知識。如果員工不知道或不把規定當一回事，就會發揮自己的知識和技能，或是自創順利完成工作的新觀念或新方法。一旦員工能按自認正確的方法做事而不是因循別人，就會創造多元的思考和作法。因此，雇用學習遲緩的人、容忍行事乖張、悖離常規的異議份子、瘋子、怪人和只會單純而別具創意地思考的人都是明智之舉，儘管他們提出的點子常常都是荒誕離奇或完全行不通，但代價是值得的。因為比起你所雇用和培育的所謂「學習敏捷的人」，他們創造了更多的點子——尤其是那些全新的點子。

馬奇提出若干有力的公式和圖表證明，如果一個組織有相當比例的員工不能或不願或尚未學習「應該遵守」的做事方式，那麼這家公司就更有創造力。馬奇並沒有明說哪一種人有可能成為學習遲緩者，不過從人格心理學的研究中可以發現，三種類型的特徵扮演著重要的角色：「律己從寬」（low self-monitor）、獨來獨往和自尊心強。

首先，許多學習遲緩的人正是心理學家馬克・辛德（Mark Synder）所謂「律己從寬」的人。這些人把別人對工作上的耳提面命都不當一回事。辛德的研究顯示「律己從嚴」和「律己從寬」的人之間有顯著的差異，「律己從嚴的人擅於觀察周遭同仁的一舉一動、瞭解該做事情的來龍去脈，以及按照預期的方式行事。律己從嚴的人從事的工作（例如，業務員、演員或從政人員）通常需要認清自己的行爲和表達感情、擅於察言觀色，並做些調整以取悅、說服或迎合其他人。」

律己從寬的人則完全相反。他們的感情和行爲是「受到內在的心態、性格和價值觀所左右，不是爲迎合組織而被既有的框架所擺佈。」即使律己從寬的人眞能揣摩、「完全明白」別人的期待，但還是無法用眞誠和讓人信服的方式做出「正確」的反應。姑且不論好壞，律己從寬的人相較之下比較不願接受社會規範的約束。這群人我行我素，和社會格格不入，雖然常可以讓老闆和同事抓狂，但卻使公司內的思考、觀察、討論和行事內容變得多彩多姿。律己從嚴的人比較容易變得唯唯諾諾（Yes-man），總希望別人對他言聽計從。而律己從寬的人只要自認是對的，就敢說敢做，因爲他們沒去注意——或根本不在乎——來自團體的壓力。

諾貝爾物理學獎得主理查·費曼（Richard Feynman）創意十足，他一向不理會別人的作法和期待，也不屑取悅別人。他幾乎拒絕所有的榮譽學位，而且幾年來一直想辭去崇高的國家科學院（National Academy of Science）職務，並且從不參加其所屬學術部門的任何事務，包括人事聘雇升遷的決定以及補助金的申請。他大部分是受著其內在的思考及需求所驅使。有些同事認爲他自私、庸俗，但費曼對自己的特立獨行感到自豪，他有一本自傳式文集，標題正是《你管別人怎麼想？》（*What Do You Care What Other People Think?*）。

就因爲費曼這種毫不在乎的態度，因此經常違反也許是學術界裡最根生蒂固的常規：一且有好的觀念，就應該在學術期刊公開發表，才能嘉惠其他研究者並補強自己的觀點，從而提高自己的學術名聲。費曼發表的論著車載斗量，已足以爲他贏得一座諾貝爾獎。但許多同事都說，如果他不吝於發表其它數百篇創新觀念的論文，將會對物理學造成更大的衝擊，說不定還能贏得另外一、兩座諾貝爾獎。費曼曾經在一篇一百多頁的論文中預測具有熾熱輻射的特大質量恆星的重力可能不穩定。二十年後，一位太空物理學家獨力研究後也得到相同的結論，並因此得到諾貝爾獎，這也是拜費曼不屑發表論文之賜。

挑戰者號（Challenger）太空梭爆炸失事後，政府成立羅傑斯委員會（Rogers Commission）調查失事的原因。這個委員會地位尊榮，邀請費曼成爲委員之一。他的妻子關妮絲（Gweneth）敦促他參加，因爲（律己從寬！）：他有獨立思考與行動的能力。她對他說：

如果你不參加，就會有一個十二人的團體東奔西走，毫無頭緒。但如果你參加這個委員會的話，就只剩下十一個人的團體東奔西走，而第十二個人將到各處檢查所有可能的異常事物。或許白忙一場，但如果有異樣！你一定會找出來。

正如關妮絲所料，費曼自己透過訪談和實地堪查，搜集許多資料。委員會的行政主管規定他的工作內容應該遵循委員會訂定的調查指南，但他完全置之不理。有一次開會時，他打斷程序（雖然行政主管極力阻止）並當眾證明，當把太空梭的O型圈（O-rings）插入華氏三十二度的冷水燒杯時，O型圈就會喪失彈性，而挑戰者號發射當天的溫度正是華氏三十二度。這是項重大的發現，因為O型圈產生的密封效果可以防止太空梭的固體燃料火箭推進引擎中的熱氣外洩，一旦喪失彈性，就無法密封。最後證實O型圈的作用失效正是挑戰者號爆炸的技術主因——這是在控制更嚴謹的環境下，不斷重覆試驗費曼的理論，終於獲得證實的結論。

首位登陸月球的太空人尼爾·阿姆斯壯（Neil Armstrong）偶然聽到委員會的主席威廉·羅傑斯抱怨「費曼是眼中釘、肉中刺。」但費曼和其他律己從寬的人一樣，就是按捺不住自己的個性，覺得應該傾聽內心的聲音而不是聽從同儕或主管的使喚。但代價是值得的。

「學習遲緩」的人不只律己從寬，對社交活動也都是能免則免。就像沙特（Jean-Paul Sartre）所說，他們或許覺得「地獄，就是他人。」他們很少和同事或老闆交談，也很少有機會去學習公司內「事情該怎麼去做」。加州柏克萊大學（University of California at Berkeley）的珍妮弗·查特曼（Jennifer Chatman）針對全美最大的八家會計事務所一七一位所新進稽核人員進行長達一年的追蹤研究。她檢視造成事務所裡新人和資深同仁有類似價值觀的因素。這些「價值」包括尊重別人、圓融、創新、團隊合作、承擔風險、積極進取和留意細節。經過一年後發現，和公司互動較少的新人（較少參加社交活動並和指導員相處時間較少者）比較不相信和支持事務所的主流價值觀。

根據我的經驗（我懷疑你們也有相同的經驗），這群人通常比較害羞內向，混在人群中會感到不自在，或者在獨處、按自己想法做事和思考到渾然忘我的境界是他們最愉快的時刻。

亞達利公司的創辦人與前任執行長布希奈爾說過，「有些最傑出的工程師只知埋頭苦幹、不擅交際應對」，指的就是這一群律己從寬和對社交活動避而遠之的人。他們或許不懂人情世故，但即使懂得，許多頂尖的創意人還是寧可避開同事，沈迷於自己的思考和觀念中。他們或許很難溝通，甚至神龍見首不見尾，也不合群。但他們確能開拓公司的視野，而得到任何一個有創意的公司的認同和讚賞。

有些創意工作——像即興表演劇場——必須彼此之間不斷的溝通和密切的配合。一個獨來獨往的創意人就不適合這類的工作。但是許多創意工作可以分成細項，讓人們可以經由管理在有限的接觸和必要的協調下工作。許多公司的電腦軟硬體設計就是採這種運作模式，這其中還包括了思科（Cisco）、英代爾和 Zilog 等公司的某些工作團隊。學習遲緩的人可以在這種環境下大放異彩。去年我教導一群行政主管時，大夥爭辯一個缺乏社交能力並且寧可獨自作業的人是否適合擔任創意工作。一位電腦硬體公司的主管爭得口沫橫飛、面紅耳赤，最後終於脫口而出，「我管的正是這麼一群人。」他繼續說道：

他們躲在辦公室內足不出户。我們把工作分成每個人可以單獨負責的部份，然後把分配給他們的工作內容塞進門縫後就離開。有時候，當我們告訴他們已經夠好了，他們根本不予理會——除非符合他們理想中的標準，否則不讓我們製造——他才不管我們怎麼想。

最後，學習遲緩的人往往自視甚高。許多研究顯示自視甚高的人（也就是對自己總是持正面評價的人）的行爲缺乏「可塑性」，所謂可塑性「就是一個人的行爲受到外在環境，尤其社會、規範影響的程度。」不管別人要求、提醒或期待他們做甚麼事，這種人往往還是只對自認正確的所作所爲信心十足。而這另一層含意就是高傲自信的人一旦認爲錯的事，就會否定別人的想法和作法，並且抗拒到底。詹姆士·華生（James Watson）在所著的《雙螺旋》（*The Double Helix*）一書中描述他和奎克（Francis Crick）發現DNA結構的過程。華生特別指出，奎克的傲慢自負令他和實驗室的其他同仁難以忍受。在這本有關他們如何得到諾貝爾獎的敍述中的第一句話是，「我從未見過奎克抱持謙遜的態度。」華生指出奎克和他自己不凡的自信心（華生本人也自視甚高）讓他們對外界的批評置若罔聞，而這是他們功成名就的一大關鍵。

另一個更知名的例子是披頭四合唱團（Beatles'）的約翰·藍儂（John Lennon）。就像費曼、奎克和華生一樣，他把別人對他的評語當作耳邊風，相當的自命不凡。藍儂責怪他的老師，尤其是撫養他的姑媽，因爲他們從未賞識過他的才華：「我無法原諒她沒有從小把我當成天才來教導。他們爲什麼不培養我？硬要我和其他人一樣當個牛仔？我與眾不同，我向來就是與眾不同。」有位記者問藍儂是否因爲在家陪兒子西恩（Sean）而錯過一些音樂表演。藍儂怒道：「這就像問畢卡索最近有沒有去過博物館？畢卡索不須要去博物館。他不是作畫、飲食就是作愛。畢卡索住在家中等待別人造訪。我就是這樣。畢卡索會到畫廊觀摩別人的畫作嗎？我不想看別人作畫，對別人的作品一點也不感興趣。」

雇用這類型人的問題——除了他們老是惹麻煩外——就是他們的自信和堅持並不是個人或公司成功的保證。這常常導致人們（有時候是公司）以失敗收場，因爲多數的新觀念是錯誤，或至少並不如本想取而代之的舊觀念理想。同時，自命不凡的人所堅持的幻想需要長時間的保護才能發現他們對傳統的挑戰是否眞是難得一見的高超點子。

發明雷射印表機的全錄公司研究員蓋瑞·史塔克惠特（Gary Starkweather）也是一個自命不凡，藐視組織規則的典型例子，他因爲被長期呵護才能讓想法開花結果。一九六八年，史塔克惠特剛獲得光學博士學位後即被全錄公司位於紐約韋伯斯特（Webster）最大的技術實驗室所網羅。他堅稱（當時還是新奇的）「雷射技術比一般白光能更快和更精確的把影像『畫』到感光鼓上。」韋伯斯特實驗室的其它科學家則始終認爲這種想法不切實際而且成本昂貴。史塔克惠特則是以一個接一個的實驗回應所有主管和同僚提出的疑惑。當他的頂頭上司仍設法制止他的研究時，他自信滿滿的向全錄公司一位資深主管抱怨「實驗室教條」將扼殺一個妙點子和他的前程。他之後被調往位於加州帕洛奧圖市新成立的一個叫做全錄ＰＡＲＣ（現在名聲大噪）的研究機構；到了一九七二年，他終於把想法落實成有商業價值的影印機。

雷射影印機及印表機的商品化至少有三次因爲全錄公司的高級主管懷疑它的價值而險些胎死腹中。然而，當它最終「在一九七七年以九七〇〇型印表機公開上市後，史塔克惠特的雷射設計成爲全錄公司有史以來最暢銷的產品之一，更滿足了發明家的信心。」然而許多書籍、文章對雷射印表機及影印機的成功有錯誤的報導，甚至公共廣播公司（Public Broadcasting System）在名爲「菜鳥的勝利」（Triumph of the Nerds）的記錄片中，聲稱全錄公司因爲沒有從PARC的任何發明獲得顯著的利益而「前途堪慮」。報導中說，全錄公司未能把數十種可能造成電腦革命的發明商品化確屬實情，但他們忽略史塔克惠特的作品爲全錄公司影印機、印表機的核心事業帶來巨額的銷售和利潤。

許多公司會很自動地找尋學得快、懂得社交禮儀的合群人士以及願意又能夠順從別人意旨的人。事實上，就多數公司的工作內容來看，的確需要願意因循既有作業方式且學得快的人。因爲這是立即可以賺錢的。但是如果你的公司希望探索新的做事方式、希望揮別過去著眼未來的商機，那麼學習遲緩的人對公司將有莫大的助益。即使公司主要從事例行工作，雇用一些學習遲緩的人對未來會是一項划算的投資。

要讓這個奇招奏效，必須聘雇一些不同類型的人，並且採用一些連自己都會訝異的方式對待他們。你或許該找個學業成績很差勁的聰明人。許多針對創意天才的研究顯示，許多天才——包括愛迪生和達爾文——都是平庸甚至平庸之下的學生。另一個資質平庸的學生是文特（Craig Venter），他因爲散彈槍基因學（shotgun genomics）而讓自己和所屬團隊成爲人類基因計劃（Human Genome Project，以拼湊人類基因密碼爲目的的計劃）中最知名，也是最重要的科學家。他「是一個喜歡在加州高中閒逛的壞學生。」創意研究員賽門頓指出：「在學校得到好成績的學生，通常比較順從看待世界和人們的傳統方式。」學業成績好的學生通常對社會規範學得快。相反地，成績差的聰明學生傾聽自己內在的心聲、做一些自己感興趣並認為正確的事。賽門頓說「創意天才厭惡學校生活的原因之一是這會干擾他們眞正想學的東西。當面對讀本好書或準備考試的抉擇時，屬於課外但具有教育意義的活動往往才是他們的抉擇。」

關於學習遲緩的人最後也是最重要的一點是他們和學得快的人之間有唇齒相依的關係。哈佛商學院的生涯顧問詹姆士・華道魯普（James Waldroop）和提姆斯・巴特勒（Timothy Butler）認為藐視別人想法和拙於社交應對的人應訓練其降低攻擊性的行為。我同意學習遲緩的人應該學習和別人和平共處。但要改變學習遲緩人的行為可謂比登天還難。第一個困難點是這類的行為有一大部份是神經和基因成分造成的，本性難移。愛因斯坦社交手腕拙劣而且有時候蔑視社交活動，他或許永遠不可能學會華道魯普和巴特勒在哈佛商學院企管課程教授那被形容為職涯成功因素的社交技巧。有些心理學家和其它專家甚至推測愛因斯坦患有亞斯伯吉症侯群（Asperger's syndrome），這是一種和自閉症有關的神精狀態，因而他很難遵循社會規範和學習社交技巧。第二項困難是如果世上只存在著合群和謙虛類型的人，則世界不但枯躁乏味，而且缺乏創意。就以愛因斯坦為例，如果他念研究所時只想取悅指導教授，或許可以因此謀得一份大學的教職，但可能永遠無法發明相對論。

解決這種困境的一個更好的辦法是把學習快速的典範安插在學習遲緩者的周遭。畢竟，多數的妙點子都是經由人與人的互動產生的，不是天才所能獨力完成的。費曼雖然拒絕參與所屬學術部門的任何事務，但因爲其它同事和行政人員的協助，他才能有充份的資源從事研究。一個學習遲緩的人能夠功成名就，通常因爲周遭有一個或多個學得快的人在保護和隔離他們，並且能夠詮釋和推銷他們的觀念。昇陽電腦公司許多成功產品的點子就是來自性情孤癖、我行我素的喬伊（Bill Joy）。而像昇陽公司執行長史考特・邁可尼利（Scott McNealy）這種學得快的人並不想改變喬伊。他們放手讓他獨自發展點子，等到他想把這些點子轉換爲產品，並向公司內外人士推銷這產品時，公司才會出面協助。

約翰藍儂的自負與傲慢經常惹惱周遭學得快的人，尤其是披頭四的團員保羅・麥卡尼（Paul McCartney）和樂團經理布萊恩・伊布斯坦（Brian Epstein）。藍儂的「反對純粹只是因爲任性和固執。」但藍儂自己心知肚明，他少不了他們。他承認「保羅和布萊恩的確對我百般容忍。我沒有瞧不起保羅，也沒有瞧不起布萊恩。他們盡心盡力克制我的脾氣，防止我惹事生非。」麥卡尼的委曲和對藍儂的崇拜，從他在藍儂被暗殺之後的悼詞中表露無遺。「有時候他對我相當傲慢無禮，但我私下卻暗暗崇拜他的這種行徑。沒有人可以懷疑我們之間的友情；我眞的愛死這傢伙了。未來幾年，我想大家會了解藍儂是位國際政治家。他經常看起來有點瘋狂，也樹立不少的敵人，但他充滿了幻想。他錄製「給和平一個機會」（Give Peace a Chance）促使終止越戰。他是很明理的。」約翰・藍儂才華洋溢，但如果沒有麥卡尼的魅力和圓融，他的天賦將永遠被埋沒。

奇招第一式：利用學習遲緩的人提升創意

- 雇用那些對如何學會公司現在「應該做的事」顯得特別遲緩的聰明人。
- 如果一位應徵者很聰明，但拙於社交應對，應想辦法雇用他。
- 雇用——或培養——一些獨行俠和個人主義者。
- 賭賭運氣雇用一些有想像力但成績糟的人。
- 如果學習遲緩的人有異常的觀點和舉止，要給予獎勵——至少不要懲罰。
- 不要強迫學習遲緩的人學習和盲從公司現有的文化；給他們足夠的獨處時間。
- 在學習遲緩的人周遭安排一些學習得快的人，並要懂得落實並推動他們的創意。
- 管理學習遲緩的人必須對他的工作有極深刻的體認。那些學習遲緩的人通常不太擅長與人溝通創意，並將此創意放入脈絡考量，所以管理者必須負起這項責任。
- 保護（甚至隔離）那些學習遲緩的人。他們拙劣的溝通技巧和傲慢的態度可能引發彼此激烈的衝突。

4

奇招第 $1\frac{1}{2}$ 式

雇用讓你覺得不安或是討厭的人

當我們對某些人有負面的情緒反應時，

可能和此人是否適任完全無關，

反而是受到彼此不同的信仰、觀念和知識所左右。

如果你發現一位應徵者似乎頗爲勝任而且具備公司所需的長才，

卻和多數內部員工的信仰、知識和技術不同，

那麼負面的情感反應或評價正是優先錄取此人的原因。

這有助於引進新觀念。

雇用讓你渾身不自在的人；新點子就油然而生。

——彼得・史基爾曼（Peter Skillman），Handspring的產品設計總監

我手下有位激進的左翼份子，他讓我覺得不安，他挑我的錯，但他彌補了我的盲點，打死我也需要他。

——雷・摩爾（Rey More），摩托羅拉（Motorola）的資深副總裁

這招基本上是奇招第一式的延伸，所以至多只能算二分之一式。雇用一些讓你覺得不安，甚至討厭的員工，是尋找一些敢於藐視和挑戰組織規則而與社會格格不入的有用之人的另一種方式，這些人。如果聘雇的新人中，有一群人讓現有同仁坐立難安，那麼其中幾位可能就是學習遲緩兒。如果找的新人只限於那種內部同仁喜歡和看得順眼的，那你可能只是聘雇一群那些內部員工的複製品罷了。行爲科學經常觀察到一種現象，人們對於和自己類似的人不但有好感也比較喜歡共事。在針鋒相對的論戰老調中，一個接著一個有關「相似性」和「吸引」的研究皆證明「物以類聚」的說法，而少有證據指向所謂的「異性相吸」。

即使人們刻意避免這種「同性相吸」的效果，或已發生在身上而毫不自知，但對於另一個人的長相、舉止、學校、生日或是表面任何現象和自己有雷同之處，就容易產生好感（和給予較正面的評價）。相反地，儘管一個人展現出強烈的自信、過人的智慧和純熟的技術，但只要非我族類就會產生反感，導致類似刻意迴避交談的微妙排斥，或是甚至直接了當的拒絕

錄用。許多人甚至不知道自己的所作所爲受到這種差異性所左右。即使明知自己存有偏見，通常還是矢口否認自己的行爲摻雜著偏見。

這種因同質性偏好而左右錄用和升遷的行爲，就是哈佛商學院教授羅莎貝斯・摩斯・肯特（Rosabeth Moss Kanter）所謂的「複製同質社會」（homosocial reproduction）。肯特特別指出，大型企業的主管憑靠「外在的言行舉止判斷誰是『正確類型的人』……對於合適和『同類』的員工總是謹慎的賦予他們權力和地位。」肯特尤其強調一些主管——大都是有相同教育背景的男性白人，——總是「按自己的形象複製自己」。但這種複製同質社會現象無孔不入，全人類均因爲這種趨勢而受害，不是只有男性白人而已。

我們對應徵者的情緒反應像是一支卜杖（divining rod）。當我們對某些人有負面的情緒反應時，可能和此人是否適任完全無關，反而是受到彼此不同的信仰、觀念和知識所左右。當然，我不是建議你應該積極替公司尋找粗魯、無禮或不適任的人。我的意思是，如果你發現一位應徵者似乎頗爲勝任而且具備公司所需的長才，卻和多數內部員工的信仰、知識和技術不同，那麼負面的情感反應或評價正是優先錄取此人的原因。這有助於引進新觀念。

有好幾次，只要我向主管、經理和工程師們提出這種怪招時，總是會激起三波的反應。首先是無言的抗拒：他們盯著我看，就好像我在瘋言瘋語。接著出口反駁：他們說公司員工如果彼此看不對眼，必將瓦解團隊士氣，公司將永無寧日。（一位電視製作人最近的反應可作爲代表：「不錯，蘇頓教授，這是個高論，但在座各位還是得做事吧！」）第三波的反應最有趣：就當這群人準備把這觀念斥爲無稽之談時，就會有人娓娓道出自己公司內一些人常惹得大夥不愉快，幾乎沒有人緣，但卻對公司貢獻良多。因爲他們有不同的思考和行爲、背景，或是提出大家不以爲然的餿點子。

位於奧勒岡州（Oregon）波特蘭（Portland）的威爾・溫頓工作室（Will Vinton Studios）能夠有今天的成績也是拜這個奇招半式之賜。這家公司專門從事以黏土取代圖畫拍攝動畫電影的黏土動畫片（Claymation）技術，它也用泡沫取代黏土製作泡沫動畫（Foamation）。溫頓工作室的藝術家們得過兩座電影奧斯卡金像獎（Academy Awards），六座電視艾美獎（Emmy Awards）和數不清的電視廣告克萊歐獎（Clio awards）。他們最爲人津津樂道的廣告片是唱歌的加州葡萄篇，以及現正播出名爲皮傑（The PJs）的黃金時段電視節目，明星艾迪墨菲（Eddie Murphy）爲片中房屋裝潢的工頭擔綱配音。溫頓工作室自一九七五年成立以來，吸引全球各地最傑出的藝術家，並且屢獲大獎，但並未賺太多的錢。創辦人威爾・溫頓說道，「我是藝術家，所以只雇用同爲藝術家的人。」結果「每回我們接案時，都不管案子的利潤是否足供投資基礎建設以利未來長久發展之計。」

溫頓終於恍然大悟，原來他一直從事同質社會的複製工作，公司如果要賺錢，非得另覓具企業長才的人才行。一九九七年，溫頓終於克服天生對商業人士的偏見，網羅高盛公司（Goldman Sachs）前銀行家湯姆・托賓（Tom Turpin）爲公司注入商業氣息。托賓的企業專長（尤其規劃專案人力的時間配置）和溫頓的創意人合作無間，讓公司在一九九七年到二○

○○年間的收入成長百分之五十。更難得的是，公司終於擺脫過去多年虧損甚至瀕臨破產的厄運，在二○○○年年中開始獲利。同時，托賓刻意保留激發藝術家創意的政策，像是給藝術家十三周的給薪假〔稱爲「雲遊四方」（Walkabouts）〕追求自己的理念，並鼓勵他們利用公司的設備接自己的案子。

我還發現有些經理人找些看不順眼的新人和同事，因爲這樣可以激發必要的創意。Hand-spring的產品設計總工程師彼得・史基爾曼說道，「雇用讓你渾身不自在的人，新點子就油然而生。」摩托羅拉的執行副總裁雷・摩爾也抱持相同的觀點。他故意雇用一些老讓他惱怒，出言頂撞他的人。然而，更常見的是主管故意在團體和組織中安插一位不受歡迎的新人。不少經理人告訴我，每當他們想引進一些新觀念時，就會故意聘雇一些內部員工不喜歡，或至少覺得不投緣的人。所以，這招怪點子應該擴大解釋爲「雇用公司其他員工不會喜歡的新人」。

IDEO的創辦人和董事長大衛・凱利最喜歡向我（包括商業記者等其他人）津津樂道的是，當一位新人讓公司設計師不喜歡或至少覺得不自在時，代表IDEO可能做對了。舉例來說，IDEO人才濟濟，包括工程師、工業設計師、人因工程專家和其他研發優秀產品的設計師，但這些人才比較不嫻熟於行銷。近幾年，IDEO積極物色具行銷和諮詢顧問背景的人才，以彌補這方面的不足。幾年前我向凱利提及，有位工程師抱怨一位新進行銷人員嘮嘮叨叨，對於設計的行銷面問東問西，還多管閒事地提供他們行銷建議。當我告訴凱利這個「問題」時，還不認爲這是怪招。他笑著說，「蘇頓，我可是照著你的話做。我雇用這傢伙就是看中他有不同的想法和行爲。設計師討厭他的部份正是我們文化所需要的。」

另外，由年輕人創立和作主的新興企業也常雇用那些讓你不愉快的員工。這些年輕的創業家爲了爭取創投家的資金挹注，經常被勸誘——甚至被迫——雇用年長老練的高級主管，儘管這群人對於科技知識遠不如手下的年輕人。這已是高科技新興企業幾十年來的慣例。一九七六年，創投家唐‧范倫鐵諾（Don Valentine）告訴蘋果電腦的創辦人賈伯斯（Steve Jobs）和史蒂夫‧沃茲涅克（Steve Wozniak），除非他們找到行銷專家協助經營公司，否則一毛錢也不投資。於是在范倫鐵諾的協助下，這兩個毛頭小子找上不苟言笑的前英代爾高級主管麥可‧馬庫拉（Mike Markkula），因爲他們的技術前景看好才把他勸服加入。但馬庫拉和賈伯斯之間一直呈現緊張的關係，在一本賈伯斯的傳記裡，作者提到「馬庫拉完全無法忍受和賈伯斯共事。」當馬庫拉引薦另一位年紀更長、經驗更老道的經理人麥可‧史考特（Mike Scott）擔任總裁時，雙方關係益形惡化。賈伯斯和史考特也彼此看不對眼。雙方對每一件事，從蘋果的標誌、獎勵的員工數到沙包是不是可被接受的辦公室家具都爭執不休。情況好的時候，賈伯斯和這兩位年長的經理人頂多互瞧不順眼；而情況糟的時候，彼此經常公開叫罵咆哮，惹得賈伯斯掉淚。但如果沒有馬庫拉和史考特對財務的專精、行銷的長才和營運的技能，蘋果公司的創新技術可能只是電腦史上毫不起眼的一頁註腳。

近來年，當創投家替網景，雅虎和 Zaplet 這類新興高科技公司同時引進年輕的科技人才和商場老練的經理人時，雙方劍拔弩張又互蒙其利的情形屢見不鮮。這種因代溝產生的摩擦有時候很具殺傷力，就算相安無事，但二十幾歲的Y世代、三十幾歲的X世代和四、五十歲的嬰兒潮世代之間仍難以適應。然而，就像蘋果電腦一樣，同齡的員工相處比較融洽，而且有時候掀起世代之戰，但不同世代員工間的技能和經驗可以截長補短，彼此有唇齒相依的關係。

我還沒有聽說哪位主管會刻意雇用自己不喜歡（雖然我認爲應該要喜歡）的員工，但由於工作面談的缺點，卻可能使組織在無意間雇用和內部員工不同類型的人。一個有備而來的應徵者或許會裝作仔細聆聽面試官的意見，並且事前刻意準備塑造和內部員工同一類型的假象。他們或許爲了錄取而說些連自己都不會相信的話，應徵者所要的花招和汽車業務員有異曲同工之妙。羅伯特・賽爾狄尼（Robert Cialdini）在他的著作中描述如何運用這種說服心理學：

> 例如，汽車銷售員練就從上門顧客的舊車中察言觀色的一身好本領。如果行李箱放著露營用具，業務員稍後或許就會說只要一有機會他就會到郊區走走；如果後座有高爾夫球，他就會說希望這場雨不要妨礙他待會去打個十八洞……因爲只要些微的相同就能有效激起彼此的認同感，而且偽裝這種相同性可說是輕而易舉。我建議當業務員附和說，「我也一樣時」，你就得特別留神當心。

賽爾狄尼直言不諱指出這種無中生有，硬裝出來的雷同性要大夥提高警覺。但應徵者刻意製造出雷同性的假象對於組織來說並不見得是件壞事，至少對激發創意而言是如此。這或許是種「誘售法」(bait and switch)，但這也意味公司可以藉此引進更寬廣的想法和視野。

一位玩具公司的高級主管說，她的公司總會挑選一些在面試時故意裝成「和我們想的一樣」的新人。然而，一旦錄取後他們就會對公司的產品挑三揀四，套句她的話說，「讓我們恨得牙癢癢的。」這位高級主管說，有些設計師只知道批評舊產品和新產品的構想，卻從未提出更好的點子，她會請這群人另謀高就。她接著又說道，老是批評但會提出新玩具妙點子的人（可能是向我們洩憤）是公司成功的關鍵因素之一。她坦承，公司能有今天的局面，部份得歸功於「面試時耍我們」的那群人，但她還是沒辦法強迫自己喜歡他們。當然，我建議她下一步應該刻意雇用她和其他內部員工不喜歡的新人！

就算我費盡唇舌說服你，雇用學習的遲緩兒和讓你不自在的員工肯定是個妙點子，但要公司其他人也接受可能就不容易了。這兩條法則不僅和人力資源管理部門採用和教導的法則大異其趣，而且也違背人類同性相吸的趨勢以及對引起負面感覺的人刻意迴避的天性。而這個怪招唯一站得住腳的論點是，這招的確管用。

奇招第一又二分之一式：雇用讓你覺得不安甚至是討厭的人

・如果你對一位應徵者沒好印象，捫心自問：只因為他與眾不同？

如果錄取這個人，能否帶來有價值的新觀念，以新角度看事物，並讓公司跳脫以往的窠臼？

- 告訴員工相似性和複製社會同質性的害處。
- 如果錄取一位新人的原因只是「我喜歡她」和「她和我一樣」，就一份需要創意的工作而言，或許這正是不錄用的原因。
- 如果你是年輕人，就雇用年長者。如果你是年長者，就雇用年輕人。但要留意，年齡的差距可能造成衝突和摩擦。
- 一個創意不足的團體應該雇用有不同技能以及對於工作作法有新想法的人，並把其安插在團體中，告訴大家，即使不喜歡這位新人，但他是大家所需要的。
- 發展和觀察雇用過多同質性新人的指標（例如，校友的比例、出生地、訓練、教育背景、和以前的同事、有相同的嗜好和同屬一個俱樂部的會員，以及像年齡、種族和性別等慣用的基本資料）。
- 如果有人因面試時予人極佳的觀感而錄取，但到公司後卻到處樹敵，這時要設法了解這位新人究竟是缺乏能力還是挑戰現有的教條。
- 如果雇用的新人讓你和其他同仁覺得不快，應該付出額外的耐心聽聽他們的想法，而且要求別人也這麼做。
- 提醒同仁，和「與眾不同」的人共事難免會覺得沮喪和厭煩，並教導他們如何處理這種負面的觀感。

・對於因思考不同而被排擠的新人應該特別給予保護和支持。一旦他們保持沉默、或開始像普通人一樣思考和行動甚或辭職時，對公司是一項損失。

5

奇招第二式

雇用你（可能）暫時用不著的人

雇用這類「多餘」員工主要著眼於他們此刻
或日後能引進公司所欠缺的新觀念，
擴大眼界，進而創造更多樣化的嘗試。
他們可能對公認的教條有全新的詮釋，
或是給予建設性的批評或挑戰。

我們網羅一些既聰明而且工作態度又良好的員工。就算當時不知道怎麼善用他的專長，但還是認爲可以傳授給我們一些日後用得著的新事物，雖說我們一時也不清楚那會是甚麼。我們也總假設他們可以學習一些新的技術。所以公司雖然不缺律師，去年還是請了一位。她後來成爲人力資源部的主管，雖然她之前毫無類似的工作經驗。

——賈斯汀・凱奇（Justin Kitch），Homestead的創辦人兼執行長

這個奇招是從談笑中得來的靈感。我每次面對經理人談話時，總會說些驚人之語，「如果創意指的是雇用經常把事情搞砸或可有可無的人，那最好故意雇用一批不需要的人，這樣就不會對結局感到失望。」有些人哄堂大笑，有些人則看著我，以爲我瘋了。但一些包括玩具公司、電視台和研究發展實驗室等各行各業的創意主管親口告訴我，他們的公司確實會採用這種作法。我才開始覺得這可能不只是個笑話而已。這些創意主管表示，他們有時候甚至不顧上級主管的反對，雇請一位精明、風趣或擁有特殊才能但公司當時可能永遠用不著的人。他們說這類的「試驗品」通常採試用的方式（當短期或契約工），這當中不乏失敗的例子，但有時這些人所創造的實用新產品或工作方式是擁有所謂「正確」技能的員工連作夢也想不到的。

有時候雇用這類「多餘」員工主要著眼於他們此刻或日後能引進公司所欠缺的新觀念，擴大眼界，進而創造更多樣化的嘗試。他們可能對公認的教條有全新的詮釋，或是給予建設

性的批評或挑戰。如果雇用這類人，必須特別配合奇招第四式：叫他們別管同事或頂頭上司的忠告，也別學習公司和企業內部人士「應有」的思考和行爲。雇用他們（至少短期）的目的是希望藉此提出全新的觀點。

ＩＤＥＯ的大衛・凱利談到另個一招式：「雇用一些明知現在不需要，但往後可能用得著的人。」有些人懷有其它領域的專才，對現在的工作沒有幫助，但對未來卻是價値非凡。凱利管這些人叫「印第安人斥侯，他們總是走在大家的前頭，嘗試一些在將來可能變得非常重要的事。」他在ＩＤＥＯ成立初期即雇用一位精於操作「電腦輔助設計」（CAD, computer-aided design）機器的員工，遠遠領先當時還是靠手繪圖的所有對手及顧客，率先採行了這項先進技術。凱利說，「萬一ＣＡＤ技術不管用，我們可能就得浪費一大筆錢，雖然我們可以替這傢伙找到其它用途，但還是買些昂貴機器供他使用。」結果ＣＡＤ機器後來眞的成爲設計的標準配備，所以冒這個險是値得的。

ＩＤＥＯ因這種態度而雇用到一些替公司開創新穎和賺錢業務的員工。凱利說起當初因爲欣賞奎格・希維森（Craig Syverson）就雇用他，雖然他似乎身懷絕技，但決定錄用時，還不確定他要做些甚麼事。不久，他開始拍製公司會議和其它場合的錄影帶，原本大家都認爲這是件「乏味」的工作，但誰也想不到竟發展成ＩＤＥＯ可以銷售給顧客的一項服務。希維森（他現在多了位助手）在幾年之間，發展了一項有利可圖的服務，將大家如何在不同的場合使用不同的產品給錄影起來、並剪輯成錄影帶銷售。凱利這麼解釋，「我們製作產品原型告一段落後，就開始模擬消費者的使用經驗，我們需要拍攝如何使用像心臟去纖顫器（Heart Defibrillators）和裝備的情況。雖然雇用希維爾時連該給什麼工作都沒個譜，但他卻成爲我們最成功的斥侯之一。」

凱利接著又說，同樣的一招，IDEO很「幸運」的發展CAD機器和挖掘希維爾，但卻也有很「倒楣」的試驗。他們雇用一位管理顧問協助IDEO設立創新顧問服務。他提出一套IDEO全然陌生的做事方法（駐守在客戶的公司擔任管理顧問），而且使用像「核心技能」（core competence）和「企業流程」（business processes）的商業術語，更讓他們宛如進入另一個國度。他後來決定離開IDEO，因爲他的方法得不到客戶的認同，而且IDEO的設計師也很少有興趣成爲管理顧問，他們鍾情的還是設計產品。湯姆．凱利（Tom Kelly，大衛的弟弟）是IDEO的資深經理人。當我向他問起這項實驗的看法時，他說，「我不認爲這套作法的成功機會有多大，但我同意它是值得一試的。」

有些創意公司偏愛雇用背景特殊，但對即將接手的工作不知從何著手的人。他們的理論是聰明的人總會學得新技能，而且能融合各項技能——只是理論如此，實務上則未必——或許能幫助公司提出新點子或打進未來的新市場。事實上，現代科技日新月益，一些技術不久就會淘汰落伍，因此對公司來說，找到能迅速學習新技能的人可能比較重要，姑不論他有無創意。Homestead的執行長凱奇說道，「我們網羅一些既聰明而且工作態度又良好的員工。就算當時不知道怎麼善用他的專長，但還是認爲可以傳授給我們一些日後用得著的新事物，雖說我們一時也不清楚那會是甚麼。」因此，他們雇用一位醫生擔任程式設計師，以及一位律師負責人力資源部，雖然這些人之前對於新工作並沒有太多的正式訓練或工作經驗。凱奇的看法是，如果這類人才能夠聰明地學習新工作，就值得花心血訓練，因爲他們在其它領域的技能未來可能大有用處。

這裡提供一則實用的金科玉律：當從一群經驗資格皆符合的應徵者中選擇時，應優先考慮具額外技能，可能協助公司開發未知新方法的人。連續體設計公司（Design Continuum）是一家產品設計公司，和IDEO一樣雇用多元甚至毫不搭嘎背景的人爲公司注入新觀念。他們雇用夜晚兼差或曾做過雕刻家、木匠和搖滾音樂家的工程師。他們喜歡雇用像葛尼（Joseph Graney）這種自小在自家店裡長大的機械工，或是曾擔任飛機技師的大衛．科恩（David Cohen）。這些多元的經驗擴大公司的視野與觀念，並嘗試新方式和跨足新領域。連續體設計公司偶而會聘請一批人的技能連公司都不知道是否需要，像是人類學家、文學系學生，甚至一位劇場設計師。

有時候，經理人認爲某位應徵者的技能並不需要，但還是決定雇用。大家一向有種迷思，尤其在美國，認爲資深經理人對於組織的運作瞭若指掌。然而，組織內的許多運作是經理人不知道或無力阻止的。因此，他們可能根本不知道當初錄取的人擁有他們認爲毫不相干的技能。而這可能歪打正著而網羅「多餘」的人。或者，經理人儘管對新人的能力持保留看法但還是袖手旁觀，等著看新進同仁證明自己的錯誤。

一九七四年全錄公司的PARC就發生這種狀況。他們當時找來艾維・雷・史密斯（Alvy Ray Smith），他是一位抽象藝術家，放棄了在紐約大學（New York University）擔任電腦科學教授這個前程似錦的職務。PARC的工程師狄克・索普（Dick Shoup）希望雇用史密斯協助發展他的創意──「超彩」（Superpaint），這是第一部彩色電腦能夠「從錄影帶、磁碟片或直接從電視螢幕擷取一個畫面，然後可以隨心所欲的變換顏色、翻轉或顛倒圖像、更改整個螢幕，甚至可以變成動畫。」索普認爲史密斯兼具電腦科學家和藝術家的才能「是開發超彩潛能的不二人選，就像駕駛新型戰機的試飛員衝入雲霄。」遺憾的是，全錄公司甚至連雇用史密斯當個臨時工或契約工都不願意。顯然這是因爲PARC的管理階級從中作梗，尤其是掌握電腦科學實驗室大權的副理鮑伯・泰勒（Bob Taylor），他認爲索普彩色電腦的構想和PARC「未來辦公室」的主軸背道而馳。此外，PARC沒有雇請藝術家的預算，更別提一個像史密斯這種「飄泊四海的嬉皮」。

PARC電腦科學家亞倫・凱（Alan Kay）聲援索普，反駁這種論調，他認爲史密斯「就好像一件傢俱──花幾千塊美元買他的服務。」泰勒一直認爲Superpaint，尤其是史密斯，和PARC的未來走向背道而馳，根本是浪費資源，但他還是容忍幾年後才把史密斯開除，或者說白點，就是取銷對他的訂單。全錄公司的管理階層根本不支持彩色印刷；他們認爲「未來的辦公室」只需要黑白印刷和列印文件就夠了。史密斯投效在另一個團隊之下繼續發展Superpaint，該團隊最後成立皮克斯公司（Pixar，現由賈伯斯領軍）。該公司以電腦拍攝的電影像《玩具總動員》第一、二集（*Toy Story, Toy Story 2*）和《蟲蟲危機》（*A Bug's Life*）連續獲得幾項大獎，諷刺的是，全國電視藝術和科學學院（National Academy of Television Arts and Sciences）在一九八三年頒發索普和全錄公司技術類的艾美獎，以表彰Superpaint作爲影像動畫技術的開山鼻祖。

大家也許批評PARC的管理階層缺乏遠見，但我卻另有一番看法。因爲即使PARC的管理階層僵化、短視，但最後還是融通雇用一位具有「多餘」技能的人。泰勒等經理人儘管和史密斯互動不良，並且認爲他的工作是多餘的，但還是容忍很長一段時間。例如，在前幾次的對談中，有一回史密斯不客氣的批評泰勒不了解Superpaint是「革命性」產品，這番話惹惱了泰勒，因爲他一向自認——也是多數專家公認——對電腦革命高瞻遠矚，具有舉足輕重的地位（他是個人電腦和ARPANET發展的先驅，而ARPANET是網際網路（Internet）的前身）。再說，泰勒雖然打從心底反對彩色電腦，並認爲索普發展Superpaint是浪費PARC的資源，但還是讓索普待更長的時間。我個人認爲，正因爲泰勒願意讓別人證明自己的錯誤，才能在他領導之下帶動許多電腦革命性的技術。

雇用一些無用武之地的英雄可以激發創意，原只是一句玩笑話，但當我越深入了解創意團體的運作模式，就越覺得這句話言之有理。但這套戰術最好偶一爲之。創意公司的確有時候會雇請一些聰明又天真的外行人，對擁有特定技術的某公司或某產業公認該做與不該的教條一竅不通。他們雇請這類「斥候」探索未來的可能發展，以便這未來一旦成真便可派上用場。我同時也推測，一位創意公司的傑出領導人應該就和泰勒對待史密斯的態度如出一轍。他們或許和手下的同仁意見相左，但長期隱忍旁觀，看看自己是否有看走眼的時候。

即使公司從未因採用這種戰略而獲得任何新奇和有價值的觀念，但卻有助於塑造創新文化。高級主管如果偶而大膽雇用一位精明、風趣或擁有公司暫時無處發揮技能的怪人時，其所傳達的意義不只是勇於嘗試冒險和坦然面對高失敗率，樹立一個他人遵循的榜樣。同時也是對公司上下傳遞一項訊息：大夥要明白，創意工作本來就是難以捉摸，我們可能經常誤判那些知識是有用或沒有。

創意人和創意公司像隻大老鼠，拼命收集點子、人才和事物，雖然暫時派不上用場，但絕不可以忘記或放棄這項工作。即使這種作法看似效率不彰，但能夠擴大差異化，讓大家以不同角度看舊事物，並爲舊有的思考和行爲帶來創新的契機，最後所付的一切代價都是值得的。所以位於瑞士畢爾市的智庫公司（BrainStore）才會利用世界各地十三到二十歲的青年人替可口可樂、雀巢（Nestlé）、諾華（Novartis）、新力（Sony）和瑞士鐵路公司這些大客戶從事產品設計和廣告活動；這也是爲什麼全錄公司的ＰＡＲＣ雇用孩童和藝術家、科幻小說家、雕刻家和其它——至少表面上——和影印機風馬牛不相干的人。這也是爲什麼３Ｍ的研究單位經常針對有趣的主題舉辦研討會和購買相關書籍，而這些主題和手中的工作完全搭不上線；這也是爲什麼像愛迪生實驗室、ＩＤＥＯ和連續體設計公司這些產品研發單位收集包羅萬象、稀奇古怪的工具、玩具和材料，儘管現在用不著，未來卻可能大有用處。也因此，連續體設計公司的副總裁柯恩認爲「花時間在垃圾堆尋寶」其樂無窮。這種種現象都說明一家公司只要有豐富多樣的點子，就有可能在未來應用在那些未知的難題上，而且替舊事物創造全新的組合。

奇招第二式：雇用你（可能）暫時用不著的人

- 一些應徵者讓人感興趣，雖然其技能和公司的本業無明顯相關，但不妨和他們面談，問問他們自認有何用處；你可能會有意外的驚喜。
- 有時候對於一位有趣卻不知有何用途的應徵者，不妨請他擔任契約工、顧問或臨時員工。
- 如果從一群具有公司所需技能的應徵者中挑選人才時，應該優先錄取擁有較多看似和工作無關之訓練、技能和經驗的人。
- 如果你認為一位應徵者的技能無用武之地，但公司其他人卻不以為然時，應該試著錄取他，讓他放手一搏，看看他能否證明是你看走眼了。
- 檢討公司現有的工作職稱和內容，看看有無遺漏，並動腦思考有助於公司發揮創意的其它技能。然後找一些擁有這些專才的人面談。
- 如果雇用一位「怪胎」卻沒有提出任何的妙點子，千萬別以為這是失策。把它視為創意公司本來就該付出的代價，因為要成功就得去嘗試許多不同的事物。

6

奇招第三式

利用面試找點子，不是挑人選

典型的「遴選面試」是決定該雇用哪種員工的爛方法。

比較理想的選才方式應該是觀察應徵者能否勝任這份差事——

或工作中重要的部分——

也就是給予他們「工作模擬測試」。

以前面談時，除非應徵者做過愚不可及的蠢事，否則一定錄取。現在求職市場緊俏，所以我利用工作面談達到兩個目的。第一，徵才。第二，替我的工作找點子。我把自己解決不了的難題丟給應徵者，他們往往有驚人的點子，所以即使他們拒絕這份差事，我還是暫時借用了他們的大腦。

——史丹福大學主管訓練課程中一位匿名的主管對奇招第三式的看法

這次面試眞奇怪。他沒有打聽我的背景，對公司的情況也隻字未提。只是不停問我對他的網站設計有何看法。

——一位史丹福大學的工程系學生

只要我每次說到利用面談挑選新人效果不彰，甚至徒勞無功時，有時會總讓一些人覺得惱火。那些主管、中階經理人、工程師、科學家、律師、消防隊長和局長總是以一些奇聞逸事「證明」自己利用面試挑人的本事絕對不是其他差勁的面試官所能比擬的。然而他們自信滿滿的表現卻和幾百篇的研究報告大相逕庭，這些研究最早可追溯到一次大戰前，研究顯示當幾位面試官面談同一位應徵者，對於應否錄取以及表現最好（與最壞）的評價往往各說各話，鮮有一致的看法。這些研究歸納出一個結論——典型的「遴選面試」(selection interview)是決定該雇用哪種員工的爛方法。比較理想的選才方式應該是觀察應徵者能否勝任這份差事——或工作中重要的部分——也就是給予他們「工作模擬測試」(job sample tests)。

一般公司的面試大概不脫這種模式：一位未經訓練的主試官以無組織、無計畫的對談挑選應徵者。同時也沒有記錄問題和回答的內容，而且最終決定錄取人選的主管對於職缺所需的技能有時也只是一知半解。儘管缺點叢生，主試官還是信心十足，自認能在應徵者當中分辨出好壞。不幸的是，研究顯示工作面試有點像開車，百分之九十的駕駛人都自認駕駛技術在「平均水準」以上。事實上，主試官若要推測應徵者的工作表現，從面談中得到的訊息不見得比求職信和履歷更有用。

雖然如此，面談仍是決定錄取人選的關鍵。應徵者如果和主試官有類似的背景——同一所學校、同一種族和性別——往往錄取機率大增，而儀表出眾、身材高大的人也有比較高的錄取機會。這些以及主考官的其他偏見就決定了遴選的過程。從這些觀察我們可以這麼解讀：公司根本不必大費周章的舉行面試；只要從應徵者的履歷和像在校成績等客觀資料就可以決定人選。經理人大都不敢苟同這種想法，因爲他們自信挑人的能力是一流的。我同意取消面試不是好主意，只不過所持的理由跟他們不同：面試除了篩選人才外，還有其它妙用。

首先，面試是重要的徵才程序。如果應徵者面試時得不到尊重和好感，大概被錄取的機會就很渺茫。面談同時也讓可能人選預先了解工作內容和公司現況，以便判斷自己是否適合這份差事；同時，面試也可以幫助新人成功，因爲一旦主試官認爲這位新人是可造材，即使有其他更合適的人選一開始看來較適合這份工作，他還是會協助這位新人成功，以創造一個自我應驗的預言（self-fulfilling prophecy）。

工作面談還有激發創意和創新的妙用，但卻鮮爲人知。如果善用面試，可以爲公司帶來源源不絕的點子。應徵者經常爲取得面試官的好印象，而將在學校、或現在和過去工作的所學傾囊相授，公司因而無意間產生一種學習效果。當應徵者面試過好幾家公司，或有從事各行各業的親朋好友時，或許會洩露競爭對手的「情報」。

這類情報未必是獨家內幕。可能只是人事異動、生產線和策略的更改這類算不上機密的訊息。但是在我課堂上的主管有時親口告訴我，有些應徵者經常違反和雇主間不得洩露業務機密的協議，而在面談時討論事涉敏感的智慧財產權項目。矽谷的工程師因爲經常違反保密協定(NDA)而聲名狼藉，但這種草率的作法多年來卻替羅伯特·柯林格利(Robert X. Cringely)在《情報世界》(*Info World*)周刊開的專欄提供豐富的題材。就像他說的，因爲許多工程師是「不甘寂寞的天才，渴望自己的才華得到世人的了解與肯定。」工作面談也有類似的情況：人們總希望談起自己知道或做過的豐功偉業，至於該不該說，不是不知道就是不記得，或根本就不在乎。我不是建議公司利用面試打探敵情，而且也相信從應徵者口中得到的情報並不是商業機密。但我建議的是，面試官如果懂得如何打開話題，公司就能對收集到的有利情報加以彙整和運用。

至少有些公司就是利用這種手段收集新點子。早在一九八○年初，我採訪布希奈爾〔Nolan Bushnell，早期電動遊戲公司亞達利（Atari）的創辦人〕就萌生這種念頭。當他知道我是史丹福大學工程學院（Standford Engineering School）的教授時就告訴我，他定期面試我們剛畢業的學生，「因為我從這些年青人身上獲益良多。他們告訴我在課堂上學得的技術與一些我自己想都沒想過的瘋狂點子。」他又說道，這當中的許多工程師也曾到競爭對手的公司面試，所以可以從中探聽到對手正在發展的技術和新產品，因為這些公司為了吸引這批優秀人才加入，經常秀出發展中的技術和產品。我後來又陸續聽到類似的觀點，包括安迪・貝區托山（Andy Bechtolsheim，昇揚電腦公司的創辦人之一兼前技術部門主管，Granite Systems 的創辦人兼執行總裁，現任思科公司的高級主管）和比爾・坎培爾（Bill Campbell，Intuit 公司的前執行總裁和蘋果電腦公司的高級主管）都暢談在矽谷由高級主管面試年輕工程師的種種優點。

舉辦面談的理由是否合理，見仁見智，但既然徵才面試無法避免，最好把握機會學點東西，特別是替公司找些新點子。公司可以問應徵者一般性的問題，像是大學所學和過去與現在從事過的專案。但對他們回答有關技術、商業實務、經營模式等細節應該特別用心聆聽——並打破砂鍋問到底。就像附表所列的問題一樣，除了詢問一般常見的問題外，也該觸及更廣泛的議題：其它應徵過公司的情形、朋友應徵過的公司以及親朋好友在其它公司的工作內容。或許這些應徵者能雀屏中選，就算沒有，你也可以學到東西。

如果能夠（至少偶而）要求人力資源管理部門停止採用一般的「常態過濾法」（normality filter），那麼這個奇招的效果更好。美國的作家兼詩人保羅・古德曼（Paul Goodman）就感嘆說，「偉人通不過人事部門這一關」。我同意這句話，但同時也補充一句話——許多不適任的人也會被人事（和人力資源）部門剔除。人力資源的專家總有辦法挑出舉止失當無法適應社會的人，以及那些穿著邋蹋、外在行爲非我族類，或看起來有趣但卻有「錯誤」背景的人。這種精挑細選找到的人選通常在公司適應良好而且表現優異，但同時也會剔除學習遲緩以及那些能傳授新點子並從新角度看舊觀念的人。

最後，如果決定利用面試機會挖掘新觀念，應該了解「篩選員工的大嘴巴理論」（blabber mouth theory of employee selection）。面試時，如果只聽到應徵者侃侃而談——而不是你發表高論——可能會降低你對他的好感。幾乎所有的人都喜歡侃侃而談更甚於專心聆聽。這也是這麼多人希望像我一樣當教授的原因；我們能夠一整天站在課堂上「授業解惑」。學生或許覺得百般無聊，但我們卻喜歡聽到自己說話的聲音。工作面試也是如此。我經常告訴面試回來的學生，如果那家公司面試時他完全插不上一句話，以及面試官沒從他身上學到任何事情，或許意味這份差事十拿九穩。事實上，一項研究顯示一旦面試官決定錄取某位應徵者時，說的話就會比應徵者多（可能是想盡辦法爭取這位員工）。然而，如果你想從應徵者身上學點東西，這可就是個大麻煩了。所以，如果要利用徵才面試找些新觀念，在針對有意思的主題發問後，就該緊閉尊口，專心聆聽。但也要提醒自己，不要只因爲光聽不說而對合格的應徵者產生不好的偏見。

你如果弄清楚哲學家和心理學家對智力（intelligence）和智慧（wisdom）兩者的區別，或許就比較願意做個更好的聽眾。智力高的人常會比智力較低的人更容易放言高論，針對問題提供切中要點的答案，但他們未必是個好聽眾。相反地，智慧高的人會比智慧不那麼高的人更容易當個好聽眾而且擅於闡述問題。所以，如果你和公司想變得聰明些，最有智慧的作法就是閉嘴、聆聽和學習問些聰明的問題——而不是不停在賣弄自己懂多少以及思考有多敏捷。

奇招第三式：面談時的發問範例

- 你在學校學到哪些遠景看好的技術、商業實務和經營模式？
- 你現在的公司採用哪些有趣的技術、商業實務和經營模式？
- 你在其它公司面談時，哪些人最有趣？為什麼？
- 你或朋友在其它公司面試時，聽到哪些有趣的八卦、謠言和故事？
- 你的朋友或客戶的公司有哪些有趣的事？
- 你認為你所聽說過我們公司的哪件事可能會讓我大吃一驚的？
- 誰是我們現在的頭號競爭對手？誰又是未來的頭號敵人？
- 你知道我們的競爭對手現在或正準備做哪些事？
- 你認為我們這個產業最重要的趨勢是什麼？哪一個最熱門？你認為未來會怎樣？為什麼？

奇招第三式：利用工作面談激發創意

- 即使公司規模龐大，仍應請資深同仁擔任初試的面試官。這是完成技術訓練最快速又便宜的方法，而且分擔召募新人的工作！
- 準備面試時換點花樣。想想你和公司希望從應徵者身上學到哪些東西，先不管工作上的資格要求。
- 趁機把公司面臨的實際問題拋給應徵者，問問他們如何應用別處學來的本事加以解決，就算問題本身和面談的工作內容毫不相干也無所謂。
- 確定面試的應徵者中要有一小部份但相當的比例（例如百分之十）的人的技能和經驗和公司看似無關。問問他們如何利用自己的專業解決現在或未來的問題，或創造新的商機。（參見奇招第二式）。
- 儘量多聽少說——而且不能只因為說比聽有趣而對應徵者產生偏見。
- 當和應徵者討論後，應該撥點時間討論並記錄學到的新觀念和公司如何從中受惠，並傳遞給公司其它同仁參考。

7

奇招第四式

鼓勵同仁去忽略並反抗主管跟同僚

這也是一種強勢的企業文化：

員工勇於嘗試不同的新鮮事、

以不同角度看待舊事物以及挑戰和刻意忽視所謂的「前例可循」。

這種文化希望員工做事靠的是個人的豐富經驗，

而不是公司的歷史。這種企業文化的目標是：

「做你自己」，「別管老闆」，「別管公司過去做過什麼」，

「別理會組織的歷史」，「創造自己的流程。」

文化的威力驚人，尤其是厚實的文化。它可以促使一個團隊同心協力、迅速敏捷的對抗競爭者或協助客户。也可以帶領聰明的人向前行，明說的話，就是化險爲夷。

——約翰．柯特（John Kotter）和詹姆士．海斯凱特（James Heskett）教授。

〔執行總裁邁可奈特（McKnight）〕命令德魯（Drew）放棄這項計劃，因爲他堅持說這根本不可行。但德魯置之不理，繼續研發美紋膠帶（masking tape），這是3M公司最具突破性的產品之一。德魯的不屈不撓同時也讓我們研發出另一項產品——透明膠帶（Scotch tape）。

——威廉．柯尼，3M公司前研發部門副總裁

「潛水艇計畫」是我合作過最成功的一個團體。當初高階管理層一致反對，我們藉口從事其它工作卻暗中進行，直到我們提出不錯的產品。接著，我們浮出檯面並把這項產品呈現給當初極力反對的那群主管；他們對我們的抗命笑罵一番，卻稱讚該產品棒透了，並立刻投入生產。

——德國西門子（Siemens）工程公司的一位經理

「強勢文化產生績效」，管理大師、顧問、人力資源主管和各領域專家都把這句話奉爲圭臬，一再傳頌。他們引用迪士尼樂園、奇異電器、西南航空、瑪莉凱化妝品（Mary Kay Cosmetics）、星巴克（Starbucks）、豐田汽車和男人服飾（Men's Wearhouse）的案例，說明公司要建立強勢的企業文化，就必須不停的對員工洗腦、嘮叨、獎勵、討好和取悅，員工才會心

悅誠服接納公司的傳統和模仿其經由嘗試以求確認的做法。像男人服飾和豐田汽車這類企業文化深厚的公司，比他們的競爭者要更常舉辦正式的員工訓練，有一部分原因是因爲他們不僅只是訓練工作技能，大部分的訓練鎖定在宣揚公司的歷史和經營理念，以及對待客戶和工作上應有的態度。

新人接受這些知名公司的正式訓練，不過是社會化過程的開始，邁向新生活的第一步。這些公司的領導人知道，強勢的企業文化有賴資深同仁勤教嚴管，傳授新人如何去思考、交談及行動。不管是正式的輔導或只是私下的互動都可以幫助新人了解事情該怎麼做——或不該做——以及其中的理由。珍妮佛．查特曼對八家大型會計事務所新進稽查員的研究報告，提供了相當數量的證據支持這個論點。而經過一年來對這些新稽查員的追蹤研究，查特曼發現，「相較之下，經歷嚴格社會化過程的人比較容易融入公司的價值觀。」她同時發現，無法適應公司文化的稽查員比較得不到上司的讚賞好評，也因此比較像會是另謀高就的人。

幾年前，位於加州佛蒙特（Fremont）新聯合汽車廠（NUMMI, New United Motors Plant）的一位新進員工處心積慮想搞亂廠中的豐田汽車生產系統（Toyota Production System），從這件事可以看出這種公司在消弭差異和教導員工以相同的角度看待事情時所採取嚴密和嚴格的手段。豐田公司的強勢企業文化一向遠近皆知，員工必需接受這套系統的嚴格訓練，以消弭不必要的差異。ＮＵＭＭＩ是豐田和通用汽車成立的合資公司。ＮＵＭＭＩ利用豐田系統（由豐田管理）製造的車子不但品質高、成本低，優於美國各地多數的通用汽車廠，只有位於田納西州（Tennessee）春山市（Springhill）的釷星廠（Saturn）差堪比擬。ＮＵＭＭＩ製造車子的品質和成本幾乎和豐田在日本最佳車廠製造的不相上下。

瑞斯科（Jamie Hresko）是通用汽車十五年的老員工，也是一位主管，他在一九九七年初進入ＮＵＭＭＩ廠擔任生產線員工，ＮＵＭＭＩ一些高級主管知道瑞斯科背景，但是同事和直屬上司並不知道他的底細，也弄不清楚他爲何出現在這裡，所以對待他和其他新人無異。瑞斯科「千方百計」要擾亂這套系統：「二個星期以來，瑞斯科在生產線上工作，利用他對生產線的知識測試ＮＵＭＭＩ的系統，看看是否像外傳的那樣了不起。他無所不用其極的破壞程序並測試它的容忍極限。」瑞斯科做了一些違反ＮＵＭＭＩ規定的事，像是囤積多餘零件的庫存、在地板堆置零件（違反安全規定）、超過午餐時間兩分鐘和品質檢查敷衍了事。當他違反每一項規定時，都有旁人注意到也立即加以規勸。但這種「指導」方式通常來自於同事而不是直屬上司（很少碰面）。

> 當我午餐時間超過兩分鐘後回來，有人告訴我，如果有要事他們願意幫我擔待一下，但我這麼做已經傷害整個團隊，下回除非有正當理由，否則不可以再犯。當我遺漏幾項品質檢查，一位作業員馬上下線把這幾個挑出來，等確認我不會再犯時才繼續工作。但同時也有一位熱心的作業員幫我改正錯誤，做好工作。

公司如果希望員工採用既有的知識、消弭差異並採用共同的世界標準，就應該像NUMMI一樣採取強勢和嚴格的社會化過程，而多數新奇和未經測試的行爲應該被視爲異常而不是創意。領導學大師華倫・班尼斯（Warren Bennis）有一次告訴我，在這種地方做事最大的優點和最可怕的缺點是「做得再好，也不過是百分之百模仿前人的做法。」在這些場所所謂的社會化就是一個接一個的複製。

然而，公司如果期待內部有更多樣化的觀念和行爲，就不能一味的教育員工要相信和模仿舊方法。即使只是要改善一套例行程序，也要變換認知標準，才能促生並評估出更爲寬廣的可行方案。所以，包括NUMMI在內所有豐田汽車廠的員工都會舉行集體腦力激盪會議，並獎勵針對製程改善提出建議的團體和個人。公司應該鼓勵多樣化，或甚至瘋狂的點子以提高例行生產工作的績效，這也包括提供更好的辦法去消弭無用的差異性。如果公司或事業單位的主要任務是探索新商機，那麼就應該以塑造不斷用心和勇於嘗試的企業文化爲目標，而不是偶一爲之的創新能力。如果創新是目標，則最期待的是員工具有宗教般的狂熱。你的公司——或是公司的部門——必須成爲一個能有各種天馬行空想法的聖地。它應該是座競技場，不停舉辦建設性的角力，讓最優秀的點子脫穎而出。如果要探索新機會，就不要教育員工所謂正確和錯誤的做事方法。

有些公司塑造多元思想的文化純屬無心插柳造成的。我就知道有些知名的高科技大廠（無心的）的徵才程序模糊不清，所以員工爲了爭取工作花招百出、自創一格，而被錄取後，也用相同的模式去工作。昇揚電腦公司在一九八五到一九九〇年因爲發明並銷售新型電腦和周邊產品而迅速崛起，成爲全美成長速度最快的公司。大衛・伯溫（David Bowen）和同事談起這段期間的應徵者得面對層層的面試關卡，但「整個流程雜亂無章，缺乏一套標準規則，而一律要求應徵者必須解決問題才能被錄取。」昇揚公司缺乏標準徵人流程的部份原因在於成長速度已到近乎失控的地步，但這套亂無章法的流程卻促使被錄取的員工必須憑藉自己特殊的技術、能力和判斷才能把事情做好。因此，當初絞盡腦汁才被錄取的員工，一旦過著組織的團隊生活時，便有足夠的自信和能力解決問題，而不是等著別人告訴他如何思考以及做事。他們既不期待也不需要現成的體制能他們把事做好。

有些公司則精心營造一種文化，員工可以不必依循公司的傳統，不必唯老闆是從，或甚至不需其他員工指導做事的方式。這也是一種強勢的企業文化，只是經過這種文化洗禮的員工勇於嘗試不同的新鮮事、以不同角度看待舊事物以及挑戰和刻意忽視所謂的「前例可循」。這種文化希望員工做事靠的是個人的豐富經驗，而不是公司的歷史。這種企業文化的目標是：「做你自己」，「別管老闆」，「別管公司過去做過什麼」，「別理會組織的歷史」，「創造自己的流程。」公司如果要做到這點，就必須在召募新人、訓練員工、或協調和獎勵員工時採取一些別出心裁而又有效的方法。

雇用目空一切的局外人

公司有時會故意授權給一位新進員工打破成規的權力。局外人如果擁有的本事是公司迫不及待的，就可能取得這種生殺大權。這些被高階管理階層授予尙方寶劍的人，可以憑自己的專業行事，大權在握，成爲資深同仁有如芒刺在背的異數。許多資深經理人向我敍述他們如何授權給新聘的員工挑戰公司的「食人魔」，「傳統份子」或「聖牛的看守人」，大刀闊斧改革老員工死守不放、根深蒂固卻又功能不彰的規範。尤其是當公司寄望借用新人的專長完成過去未能完成的事時，這些欽命的新人更能挾著權力，漠視、掃平或開除阻擾在前進路上的員工。每當公司遭逢重大挫敗、損失慘重之後，經理人尤其容易授予新人這種大權。就像嚐過失敗苦頭的人一樣，這類主管比那些成功的主管更能敞開心胸接納新觀念，因爲擺在眼前的是殘破不堪的結局，必須重新著手。

我和同事研究過一家名列財星五百大的企業。這家公司雇請一位資訊科技（IT, information technology）主管協助規畫、監督一系列SAP軟體系統的執行成果。SAP這種所謂全方位企業（enterprise-wide）的軟體是一套整合系統，幫助公司更有效率的溝通、貯存和調閱資訊，並讓他們自動操作像財務、材料管理、生產規劃、銷售和人力資源這類的工作。這些複雜的軟體系統會幫助許多公司以更可靠、但成本更低的方式處理資訊，但難以落實卻也是眾所周知的事實。這家大企業的主管因爲幾年前一項相關專案有類似的「慘痛」經驗，所以決定網羅這位推動這類系統至少有十年的經驗，而且有本事的局外人。

這位局外人和專案管理「室」的其他人（除了他之外，還有兩位員工和一位顧問，大家都享有相同的權力）準時推動一系列SAP專案，而且控制在預算之內。內部的調查也顯示，使用過第一階段新SAP系統的同仁對於執行方式、系統本身和操作容易等各方面都滿意極了。我們訪問在這第一線操作的主管和員工，他們也都證實這套系統運作順利，而且執行良好。受訪者們提到該小組後續執行的其它幾套SAP計畫也同樣成功。這位從外面請來的IT主管解釋道，執行過程之所以如此成功順利，全都歸功於他的團隊能夠忽略和違抗根深蒂固的做事方法。

> 我們每天所做的任何一件事就是挑戰組織的標準政策與程序，推翻公司現有的做事方式。……我不知道要費多大勁才能成功……現在絕不可能把我們拉回原點。（他們說）「回來吧，換個方法試試。」我們會說「絕不。」何必呢？你已經成功了。公司總帳系統準時上線又控制在預算內。應付帳款系統準時上線、控制在預算內。專案系統準時上線、控制在預算內。固定資產和應收帳款都在掌握之中。幹嘛改變？

管理高層由於身陷絕望，不得以授權這些異議份子，大刀闊斧推翻現有根深蒂固的做事方法，至少得等這次的危機撐過了以後再說。

採用「反向」社會化

你也許想更徹底的利用新人擴展觀念和視野，不妨採用我所謂的「反向」社會化：請新人教導老鳥如何去思考與行動。作法包括角色互換的輔導制度，就像任何其他輔導課程一樣，只是把新人分派給老鳥，但由新人教導，老鳥只管聆聽、學習和模仿。而且也要顚倒正式的社會化過程，改由新人給老鳥上課。上述SAP系統的推動過程，就有反向社會化的情形。這位IT新主管對推動這套系統的知識遠優於公司其他同仁，所以內部同仁願意聽他說明並向他學習。

資深員工對那些顚覆組織文化和規章的局外人應該言聽計從，這種論調或許荒謬可笑，但如果想到這些局外人是公司重金禮聘請來改變員工思想行爲的，或許就不這麼認爲了。最明顯的例子莫過於從外部聘請新的執行總裁，以摧毀過去、開創新局。研究顯示，當公司陷入財務困境或法律糾紛，或沈湎過去停滯不前時，局外人往往比內部員工更有機會佔得執行總裁的職缺。路．葛斯納（Lou Gerstner）就是IBM從外部挖角請來重整旗鼓的例子。葛斯納曾任職於麥肯錫顧問公司（McKinsey Consulting）、美國運通公司（American Express）總裁和 RJR Nabisco 的執行長。葛斯納上任的第一天就穿著一件藍色襯衫，挑戰IBM的文化（IBM一向以白襯衫的制服出名）。他領導公司從事其它更具體、更顚覆傳統的改革，終於帶領IBM轉型爲現在顧問服務費的收入高於產品銷售收益的公司。

卡莉·費奧莉娜(Carly Fiorina)被惠普科技網羅擔任執行長之前，是朗訊科技公司(Lucent Technologies' Global Service Provider Business)的總裁，曾執行朗訊科技一九九六年的初次公開承銷和負責AT&T後續分離的新公司。惠普科技網羅她重整企業文化和規章，期待在日新月異的網際網路和電腦市場有更強的競爭力。費奧莉娜以一段話傳達全新的迫切感：「這個美好的新世界不屬於膽怯的人。不屬於適應不良的人。這是一個科技可以使美夢成眞的世界。」她把惠普科技的策略——局內人和局外人一向搞不清楚惠普的策略——重新定位爲資訊器材、資訊技術基礎設備和電子服務（e-services）的整合提供者。費奧莉娜劍及履及的把惠普科技改爲中央集權式作風，並強調無法忍受公司過去幾年決策牛步化、只知逃避風險和內部明爭暗鬥種種危及公司的行爲。她同時也激勵員工士氣，強調希望惠普公司能脫胎換骨成爲一個克敵制勝公司。

公司願意重金禮聘像葛斯納和費奧莉娜這樣的高級主管，主要是股東和董事會相信危機四伏的公司必須注入新觀念。一九九七年，蘋果電腦的創辦人之一的賈伯斯在離開十年後又被找回來重掌大權，而他這次回來的首要之務就是將這十年期間蘋果電腦的積習給掃蕩清除並開創一個新的未來。他到任的第一年就取銷蘋果公司現有的電腦產品線，而將重心放在設計兼具娛樂趣味的電腦，在第二年期滿之前就推出四項全新的電腦產品線。蘋果公司近年的風光可能持續不久，就算從此一帆風順，也難以撼動微軟以視窗建立的電腦霸主地位，但這仍無損於世人對他成就的評價。賈伯斯接手擔任執行長時，業界的專家都已認定蘋果公司日薄西山。然而賈伯斯和一群他外聘的高級主管和董事會成員，在經營蘋果公司的三年後交出亮麗的成績，其至連一九九七年最樂觀的觀察家也料不到蘋果公司會有今天的榮景。

聘請外部顧問（用「租的」可能比較貼切一些。）也是讓局外人引進新觀念的另一種作法。全美企業一九九六年的管理顧問費用高達四百三十億美元，而且跡象顯示在那之後的金額仍有可觀的成長。像麥肯錫和安盛公司的顧問會傳授其它公司的經驗知識，說服老同仁不要墨守成規，應參考其它公司的「最佳典範」（best practices）。公司也可以從反向式社會化的過程得到相同的好處。例如，有些公司雇請「最佳典範」公司的訓練員教導自己員工新的思維和行爲。摩托羅拉大學（Motorola University）素以教授「品質管理模式」著稱於世，花旗集團（Citigoup）（前身是花旗銀行）幾年前「租用」了該大學，將摩托羅拉的管理理念和方法套用到截然不同的產品領域。位於佛羅里達州迪士尼世界（Disney World）的迪士尼學習中心（Disney Institute）銷售訓練課程給其它公司和政府機關。他們開班授課，帶領學員參觀迪士尼世界的後台作業，示範迪士尼如何創造顧客和員工的忠誠度和滿意度。它的廣告訴求就是「有機會向世界級的組織看齊」。

> 我們課程最獨一無二的地方在於，你不只學到觀念、理念、技術和策略，同時還可親眼瞧瞧華德迪士尼世界（Walt Disney World Resort）的運作，並當成學習的典範。能夠學習將世界知名企業的最佳策略應用到核心業務的新方法，這可是千載難逢的好機會。

公司聘請外部顧問，或「租用」其它公司的訓練單位時，期望得到的效果其實和反向社會化的效果很類似。曾經聘請外部顧問改善客戶服務的一位經理就說：「這是爲了改變我們的DNA。」然而，可能還有另一種改變體質的妙方是既便宜但效能卻更持久的：雇請擁有新技能的新人，並且想盡辦法讓他們應用和散播自己的知識。顧問和其它公司的訓練員或許有滿腦子的妙點子，但被教導的員工和公司往往還來不及把這些觀念加以修改運用或測試，他們就結束工作離開了。大部分外部顧問和訓練員的任務是傳達知識，而不是確認客戶是否已付諸行動。相反地，有新觀念的正式員工可以徹底落實自己的想法，但前提是他們不會因爲被視爲異議份子而被忽視或排擠，或是被洗腦接受和模仿現有的組織規則。只要這些邊緣人被授與某些權力，或至少不受干擾，他們一定可以改變公司的規定，讓其他人有更豐富的點子「菜單」解決新問題，並且以新方法看舊問題。這比租用那些「蒞臨指導」的局外人顯然要更便宜也更有效。

奇招第四式祕訣：透過鬆散管理或「反向」社會化創新

- 不要教新人有關公司的歷史或標準程序。
- 告訴新人別理會資深同仁怎麼說和怎麼做。
- 告訴新人，公司的歷史或程序對他們沒有幫助；請新人按自己的選擇方式做事。
- 新人應該多說，資深同仁應該多聽。

・指派新人給指導員，並替資深同仁上課。

・新人到職的第一天和第一周是資深同仁向新人學習的黃金期，因為他們還沒有被洗腦去接受「正確」的想法和作法。

・雇用其它公司，尤是其它產業公司的訓練員傳授如何解決技術和管理上的問題。

・網羅其它公司和產業的資深經理人，並賦予他們權力和資源推翻舊有的規章和企業模式，並且教導——和要求——同仁以新方法做事。

・聘請顧問傳授其它公司和產業的有效作法，但別指望他們會像新人一樣落實自己的想法。

鼓勵員工蔑視並挑戰權威

公司可以利用鬆散的團體規範和反向社會化過程，引進各種人才和各式各樣的點子。但如果希望建立可長可久的創新文化，那時時鼓勵員工挑戰權威和既定程序就變得更加重要了。組織——包括所謂的扁平化組織——都是主管少、部屬多的階級制度。這意味員工如果只知揣摩上意，言聽計從，唯唯諾諾，則要討論和嘗試新點子無異緣木求魚。以進化論的語言來說，這就是基因群中的差異性漸漸消失了。員工如果自行其是，而不是聽命行事或揣摩上意，老闆一定會抓狂，公司也會麻煩纏身。儘管他們提出的點子會被一些老闆或權力單位痛斥為浪費時間金錢，甚至認為有威脅公司生存之虞，但他們也能迫使公司嘗試一些有希望的點子。這些異端、叛逆、固執的員工不只以挑頂頭上司的毛病爲天大樂趣，有時也會提出高超的妙點子，甚至讓那些經常潑他們冷水的人發跡致富。

如果你篤信官大學問大，認爲領導人就是比部屬精明幹練，掌握部屬本來就是天經地義，那麼上述的管理方式自然就是謬論。不可否認，組織的確會因爲有人挑戰權威和違反既定程序而深受其害，甚至全盤瓦解。而且有些風險簡直就是白痴行徑造成的，就像第一章提到駕駛員讓十幾歲的孩子開客機，結果釀成七十五人死亡的慘劇。然而，我所指的風險是允許技術熟巧的員工犯下智慧型的風險，或甚至是蠢蛋型風險——包括天眞或愚昧員工幹的蠢事——這不可能造成嚴重的傷害。

許多案例證實，如果主管不要對員工緊迫盯人並允許先斬後奏，創意會因此而激增。康明絲（Anne Cummings）和奧德曼（Greg Oldham）比較研究一百七十一位製造業員工分別在控制嚴謹和控制寬鬆主管下的表現。結果發現，在控制寬鬆主管下的員工——尤其是複雜工作的創意人員——明顯提供更多新奇和有用的建議。而且不管哪一類型的主管，如果員工不必凡事請示而後行、不必時時報告進度，甚至違抗上司命令，也會有較多的創意。麥可・奇頓（Michael Kirton）主持一系列的研究，比較順應型（adaptive）員工（在現有體制下做小幅改善）和創意型員工（innovative）（挑戰既有體制和改造體制）兩者解決問題的型態差異。他採用三十二項奇頓順應-創意指標（Kirton Adaptation-Innovation Inventory, KAI）衡量當中的差異，並把創意人分成變通或違反規則、冒險以不同方式做事和自作主張三種類型。結果K

AI顯示，創意型的員工比順應型的員工能產生更多的新鮮點子。

好幾起創意的產生是因爲部屬違抗、挑戰或甚至誤導頂頭上司所造成的。大約十五年前，我和幾位史丹福大學的同仁針對亞達利公司的興衰做個案研究。克利斯、柯勞福（Chris Crawford）是我們採訪中最有趣的人。他是位很有魅力的軟體設計師，也是亞達利產品的死忠擁護者。他說亞達利公司在一九七○年代末期和一九八○年代初賺進數億美金，其中的部分原因是軟體設計師違抗、誤導和甚至瞞著主管他們正著替VCS 二六○○（一種連接電視的家庭電視遊樂器）發展什麼樣的產品。柯勞福說，華納（Warner）公司從其它產業找來一群主管「老想把遊戲踢開。」當柯勞福希望多花點時間設計遊戲時，老闆告訴他，「遊戲器沒有市場，亞達利沒有興趣替電腦設計遊樂器。」這番忠告讓柯勞福和其它工程師備感困擾。亞達利過去風光一時的主因是前執行長布希奈爾雇請一批熱愛設計遊樂器電腦軟硬體的工程師。但華納帶來的新主管則認爲遊戲是不務正業，而要求設計師發展像是追蹤食譜熱量、平衡帳本等其他「比較實際」的家庭瑣事程式。

許多亞達利的設計師，甚至包括他們的直屬主管面對這些要求時，總是表面上煞有介事的發展實用程式，暗地裡卻設計遊戲軟體。有位設計師提議設計的星際特攻隊（Star Raiders），後來成爲熱賣商品。柯勞福說，當初高級主管怒斥這個想法：「一個漫遊外太空，射擊太空船的遊戲？這是我們聽過最蠢的事情……結束這個專案。我們絕不允許製造這種破爛廢物。」星際特攻隊後來能完成端賴這位設計師的直屬主管故意瞞著高級主管說，「眞的嗎？他正在設計平衡帳的程式。」柯勞福還說，設計師瞞著甚至欺騙高級主管私下設計遊戲的情形屢見不鮮。柯勞福同時指出，當遊戲軟體替亞達利賺進大筆鈔票並且使VCS二六〇〇大賣——日後變成有始以來最暢銷的家庭電器品——先前百般刁難的主管卻把功勞攬在自己身上。相較於電影票房的七十三億美元，整個電腦遊戲業的營收在一九九九年達到七十四億美元，這是一九七〇年代瞧不起遊樂器的高級主管做夢也想不到的事。

這類的違抗上只有在經理人對他們管理的工作技能一知半解或一竅不通的情況下才對公司有利。美紋膠帶（Masking tape）是3M創立以來最成功的產品之一，也爲3M最成功的產品——透明膠帶（Scotch tape）——鋪下一條坦途。美紋膠帶是由一位名叫理查德・吉・德魯（Richard.G.Drew）的年輕員工所研發，當時的執行長邁可奈特曾命令他停止研究，並立刻回到他份內的品管工作，但他不予理會，終於讓產品可以成功上市。同樣地，惠普科技創辦人之一的大衛・普卡德（David Packard）在自傳《惠普之路：比爾・惠特和我攜手創業》（*The HP Way: How Bill Hewlett and I Built Our Company*）一書描述一位工程師違抗上意的經過（可能誇大其詞）——：

> 有時候一項新點子就算被管理階層否決，也未必就永無翻身之日。幾年前，位於科羅拉多州泉市（Springs）的惠普實驗室正全力研究示波器的技術。其中有位名叫查克・郝斯（Chuck House）工程師，既聰明又有幹勁，正在發展一種螢幕顯示器，我們勸他放棄這

項研究。然而他卻請假跑到加州——沿路向潛在客户展示這種顯示器材的原型。他希望找出客户的看法、明確説出期待的產品模樣和當時的限制。客户正面的反應鼓舞他繼續研究這項專案，即使回到科羅拉多州發現我和其他人仍要求他罷手，但無動於衷。他説服研發部門主管趕緊把這項顯示器推上生產線，結果惠普賣出一萬七千多套顯示器，相當於替公司帶進三千五百萬的營業額。

幾年後，我在惠普工程師的一次聚會上頒發獎章給郝斯以表彰他「對安守工程師本分之基本要求的極度蔑視與違抗。」……「我不是故意反抗或犯上，只是衷心希望替惠普找到一項成功的產品，」郝斯説道：「我壓根沒想到可能因此丢掉飯碗。」

有時候高級主管懶得阻止員工自作主張或壓根本不管員工做什麼，卻因此產生創意。創意人經常在公司的流程或組織中找到生存的「夾縫」，這當中沒有人有明確的權限——或至少明確的誘因——去阻止他們。亞達利就經常發生這種事，許多員工設計電視遊樂器時，不會公然犯上，而是尋找夾縫中的生存之道。「莫森肺」（Momsen Lung）的發明是另一項例子。查爾斯·莫森（Charles Momsen）在一九二〇年代擔任美國海軍一艘潛水艇的指揮官。在一次潛艇沈沒中，他眼睜睜看著船員死去，卻束手無策。這種傷痛和挫折感讓莫森決心發展可以讓船員從沈沒潛艇逃生的設備。他第一次提出在潛艇附設「求救鐘」的構想，獲得資深軍官的支持並且認爲值得一試，但卻被美國海軍的官僚以「就航海技術的觀點而言，不切實際」

爲由打回票。

幾年後又有一艘潛艇沈沒，當船員拼命求救時卻慢慢地窒息而死，這回莫森不願再坐視不管。他雖然沒有受過正式的技術訓練，卻召集一批志願軍並且募得一些研究經費。許多資深海軍軍官聽到他研究的傳聞，卻袖手旁觀，甚至懶得理他玩什麼花樣。幾個月後，這個團隊成功發展並測試出一種原型裝置（看起來像是掛著一條鼻管的救生衣），能夠讓沈沒潛艇中的船員安全浮出水面。莫森在一群報社記者面前示範這套設備，從一個沈到水底一一〇呎深的實驗桶中安全逃生。海軍和社會大眾都是看到報紙後才知道這項試驗。當莫森第二天返回港口時，受到海軍作戰部長的指責，「年輕人，你以爲自己多了不起？」但來自大眾的佳評如潮，迫使海軍做更多的測試而不敢懲罰莫森。這些測試都很成功，最高記錄是莫森從深達二〇七呎的潛艇中逃生。莫森獲頒傑出服務獎章（Distinguished Service Medal），海軍並且替所有服役中的潛艇訂購了七千套莫森肺。

每回看到有些員工因爲漠視或反抗長官的命令而成名的故事就覺得很有趣，而公司有時也因爲員工勇於堅持已見而受益。但反抗威權的員工即使有偉大的構想，下場也往往是懲罰而不是獎勵。如果公司希望公開鼓勵員工違抗頂頭上司，我實在不知道這條政策該怎麼形諸文字、落實執行並獲得支持。比方說，我從來沒有看過哪一家公司的規章這麼寫著：「如果你認爲老闆是錯的，別理他，」「違抗荒謬的命令，」或是「如果你認爲對公司有利，可以向老闆撒謊。」如果你的公司眞的推行這種政策，請馬上通知我，雖然曾聽說有人準備這麼做，但通常只是空話一場，不了了之。

然而，我的確見過有些公司以「別問，別說」的手法鼓勵員工冒險犯難。主管含糊其詞的鼓勵員工做想做的事，但不問員工正在做什麼事，員工也不會告訴他。「如果你沒問我問題，我也就不對你撒謊」，有爲數可觀的公司把這條古老的觀念是當作準官方政策。而「別問，別說」卻是3M公司明明白白的政策，該公司希望技術人員能撥出最多百分之十五的時間從事自己選擇的專案。誠如3M前研發部門資深副總柯尼所說，「他們無需接受批准，也不必告訴主管自己正在做什麼。」相同地，第四章所提的文頓工作室允許藝術家下班後可以使用公司設備從事私人專案，而且每年有十三周給薪的「雲遊四海」假去做自己的專案。創辦人文頓認爲，就算他三令五申、軟硬兼施，優秀的員工還是會想辦法私下接案製作影片，倒不如乾脆鼓勵員工在公司接私人的案子，反而讓他們對公司更有難捨之情。文頓補充說，「每個組織都重視創意。但創意人需要多彩多姿的生活。何不鼓勵他呢？與眾不同的員工永遠是任何組織最大的搖錢樹。」

康寧公司（Corning）蘇利文園區（Sullivan Park）的研究發展實驗室也採用相同的態度和作法，讓公司每年熔煉數百種各類的實驗玻璃。康寧經由位於蘇利文園區以及其他各地科學家的創新發明，讓公司一九九八年銷售額中的百分之五十七和一九九九年的百分之七十八都是來自上市不到四年的新產品，他們「要求」科學家要花百分之十的工作時間在「周五午後實驗」，做些「有點瘋狂的點子。」這套政策不但准許科學家從事老闆不知道的專案，也讓他們進行被主管腰斬的心愛專案。和其它各地一樣，康寧當局有時也可能犯錯：「研發部門的主管曾否決一個構想，卻差點毀掉一個基因科技的商機，幸好有人利用周五午後實驗繼續進行。」一個管理得宜的創新公司，他們的一定知道自己無法鐵口直斷一個構想的成敗，所以擬定政策讓員工能夠不必理會他們的評斷。

此外，當資深主管斷定員工的專案方向走偏時，應該直接表達負面意見，但不見得非喊停不可。懂得激發創意的主管會勸阻員工停止一項註定失敗的專案，但當員工自認有成功的把握時，又願意（至少偶而）放手讓他一試。他們知道大部分的創意人如果有機會證明老闆的錯誤，就會特別賣力拚命。他們自知可能犯錯，如果只因爲這些聰明人和他們有不同的判斷就打壓專案，可能因此扼殺智慧。再者，如前所述，儘管——不是因爲——許多主管對認爲走偏的專案喊停，但公司還是創意十足。這些專橫跋扈的主管未必完全掌握公司，很多事都被矇在鼓裡，因爲部屬——尤其有創意的部屬——會隱瞞或掩飾自己的工作。

如果你發現員工正在偷偷摸摸做被禁止的工作，應該靜心思考壓制這種行爲究竟對公司是福是禍。一味禁止從事未經授權的工作，不只損害績效，也可能逼迫有才華的人離開公司。例如，史丹福大學的塞伯漢．歐瑪尼（Siobhan O'Mahony）調查發現，許多公司曾經在使用Linux 開放原始碼作業系統時，高階管理層非但不知情而且也不支持。一位財星五百大企業的資訊主管懷疑員工違反規定使用 Linux 作業系統，但查無實據。於是冒名召開 Linux 使用者大會，看看出席的有哪些人。結果大吃一驚，出席人數竟然高達數百人，有些是他的直屬同仁，還包括幾位主管。但他一點也不惱怒，反而當場決定，既然眾多優秀的同仁對 Linux 有興趣，而且還願意在工作之餘自動參加集會充電，公司應該考慮支持這套系統。今天，他們利用 Linux 設計許多重要的網路應用，不但比原先採用的專利系統成本更低而且更有效率。公司內的一些優秀技術人員都認爲這是一大成就，於是有志研究開放原始碼系統的技術人員就不會另謀他就了。

袖手旁觀的管理

管理創新也許要少插手管事。雇用一些聰明之士，鼓勵他們在某些情況下挑戰反抗你，然後袖手旁觀，靜觀其變。我在IDEO產品發展公司待上幾年後，被封爲IDEO院士（IDEO Fellow），暗指我整天四處閒逛，隨口問問煩人的問題，然後觀察他們如何把自己的想法轉換成新產品。我有時也代表IDEO回答記者和其它公司主管關於IDEO的種種問題。最常見的問題是：「這些員工怎麼個個創意十足？」最簡潔的回答是，IDEO了解，尤其在產品發展過程的初期，管理上過度介入會扼殺創意。曾經有家大型製造商的主管要求我提供他一份按部就班的計劃，詳細的細節、標準的程序，好讓他的組織能像IDEO一樣有源源不絕的創意。我回答，「就照著凱利的作法。雇用一群聰明的員工，然後袖手旁觀直到他們向你求助。如果你直接告訴他們該怎麼做，要想有創意就難上加難。」這對棘手的問題可能是搪塞之詞，但也是肺腑之言。

如果你對所屬業務一知半解，適時的袖手旁觀和尊重他人就格外重要。MTV電視台上下顚倒的決策模式値得一提。MTV音樂電視頻道現在全球八十三個國家吸引三億個家庭，鎖定對象是十八至二十四歲的「人口群」。「當你二十歲初頭在MTV工作時，所展現的腦力、體力和年齡特有的神祕威權感是老闆所沒有的。」一位節目經理指出，如果有人帶著點子來找他，「我或許會說，不錯！我喜歡，但我不屬於這「人口群」……但被我喜歡上的玩意應該拉警報了。」他們的製作人都是剛從「人口群」中升格上來二十五歲左右的年輕人，對於MTV的節目製作擁有莫大的權力，等到年近三十時，就會「開始感染一種莫名的工作憂慮感」而感受到壓力萌生去意，於是他們的位置就被仍在「人口群」打混的年輕人取而代之。

即使最資深的MTV主管也有類似的憂慮感。茱蒂・麥葛瑞絲（Judy McGrath）一九九三年以四十一歲之齡接任MTV總裁和創意主管後，憂心忡忡地說，「我有時候覺得應該是個二十啷噹歲的年輕人來接創意的工作，爲什麼是我？我怎麼知道二十歲年輕人的腦袋想什麼？」當然麥葛絲成功的原因之一是尊重那些仍抓得住二十歲感覺的年輕人。自麥葛瑞絲擔任總裁以來，MTV就和福斯（Fox）、家庭電影院（HBO）、國家廣播公司（NBC）和美國廣播公司（ABC）並列爲最賺錢的五家電視網之一，它在二〇〇〇年的營收估計超過七億五千萬美元。

就算比凱利和麥葛絲更愛多管閒事的主管，也知道當員工擠破腦袋想新點子時——即使主管一知半解——最好袖手旁觀。爪哇程式是由昇揚電腦公司所發展之最成功的網際程式語言。當初這個團隊歷經過幾個月的混沌不明，到達緊要關頭時，團隊成員和昇揚的高級主管——包括科學室的主管蓋吉（John Gage）和創辦人之一的喬——開了一場火藥味十足的會議，「大家互相嚷嚷了兩天。」喬特別鼓勵這個團隊進一步發展這個語言。最後，雖然昇揚的高級主管並不完全贊同團隊所做的每一件事，但「他們做出此刻能做的最大貢獻。他們全力支持……這個團隊的技術能力無庸置疑。所以主管退居幕後……並允許他們繼續隨心所欲摸索自己的產品、經營模式和策略。」

有時候，最好的管理就是完全沒有管理。傑弗瑞・菲佛經常掛在嘴邊說，經理人做事應該像醫生的誓詞：「首先，無害。」至少從爪哇團隊的例子中，看到昇揚的主管具有智慧，能夠袖手旁觀而且無害。他們相信孕育創意有時候能做的就是放手不管，並讓員工有機會證明你是錯的。

奇招第四式祕訣：鼓勵員工挑戰並反抗老闆

- 如果老闆不贊同員工正在從事的工作，讓員工有機會證明老闆看走眼。
- 請主管容忍員工挑戰、違抗命令而繼續從事「心愛」的專案，因為公司可能因此受惠。
- 對於「事後請求諒解而不事前請求批准」的員工應該獎勵，至少不能懲罰。
- 有些員工不顧老闆的阻止或瞞著老闆執意進行有風險但前景看好的專案，老闆應該表揚和獎勵這類的員工。而且專案不論成功與否都應該表揚獎勵。

・鼓勵——甚至要求——員工至少要撥出百分之十五的時間從事無需主管事前核准的專案。
・提供場地、時間和資源給想從事「心愛」專案的員工，而且別管怎麼用。
・萬一發現員工擅自作主，或是從事三申五令禁止的事，在伸手制止之前應該三思這件事可能對公司大有助益。
・有時候，袖手旁觀是激發創意的最佳作法；別老是煩員工或給太多的建議。尤其當員工的專業知識遠在你之上時，更千萬記住這點。

8

奇招第五式

讓樂觀的員工放手一搏

讓一個人有好心情，能夠激發他們更多的創意。
和心情普通的人相比，
「心情好的人認知上富有變化——
豐富的聯想力、寬廣的視野，
和看透各種因素間的可能關聯性。」
換言之，他們能產生多樣的想法和各種想法的組合，
而這些都是創意工作的重要元素。

當每個員工都贊同我的意見時，我總覺得自己一定錯了。

——安布魯斯．比爾斯（Ambrose Bierce），劇作家和諷刺作家

各方人才齊聚同一間工作室，彼此爭吵該聽哪一家電台、對於合理工作時間、服裝樣式、行爲準則，甚至是工作品質的定義都是意見分歧……在我看來，這類的摩擦衝突都是轉換成光芒而不是發熱的大好契機。我從腸胃不適和頭痛欲裂中體會摩擦本身和創意思考之間有某種重要關係。

——傑瑞．赫胥柏格（Jerry Hirshberg），日產國際設計公司的創辦人和總裁

我的周圍不要唯命是從的人。我要每個人對我坦率直言——就算丟掉飯碗也要實話實說。

——薩繆爾．哥德溫（Samuel Goldwyn）

想創新，就需要那些懂得如何打仗的快樂戰士和開朗的員工。越來越多的研究指出，觀念上的衝突是件好事，尤其是那些從事創意工作的團體和組織更是如此。不斷的衝突代表彼此較勁，並盡可能去發展測試更多的好點子，同時拓展知識與視野的多元化。例如，有份研究顯示，當團體成員意見相左，互相爭論時，會促使他們將別人與自己的想法兩相交融，也會承認別人爲自己的想法提供更嚴謹的邏輯根據，並且激盪出更多的點子。最後得到的解決方案也因此更加周延、完整而明確。

如果團體中的每一個人從不持反對意見，這可能代表他們毫無點子。或者其實是代表他們認爲避免衝突遠比產生和評估新點子更重要。這甚至意味著提出新點子的員工會被團體嘲笑和排擠。不管理由爲何，一個缺乏衝突和異議的團體就不大可能產生許多有價值的新點子。團體——和社會——如果老是扼殺那些常有新鮮妙點子的人，就是戕害想像力和個人自由。羅勃・甘迺迪（Robert F. Kennedy）說過，「單只是容忍異議份子是不夠的，我們還要對他們有所需求。」對於那些期望有源源不絕新點子的領導人來說，這眞是金玉良言。套句口香糖大亨威廉・瑞格利（William Wrigley Jr.）的名言，「如果企業內兩個人的意見老是相同，其中一個就是多餘的。」

當一個觀念已逐漸成形，但卻尚未經過實證，這時就更需要建設性的衝突來發展並測試那觀念的價值。衝突代表組織內有觀念的競爭，而員工也肯用心發展和評估各種可行的觀念。然而，這個階段的衝突未必都是建設性的。爭論固然對創意很重要，但是員工要學習爭辯的方法和時機。在觀念醞釀初期，衝突（和隨之而來的批評）如果造成尚未發展成形的觀念胎死腹中，就是破壞性的衝突。更慘的是，如果衝突場面火爆，同仁因爲擔心被嘲笑或羞辱，就會在提出匪夷所思卻大有妙用的點子之前自行封口。這也就是爲甚麼類似腦力激盪的創意生產技巧會要求與會者「勿妄下斷語」或「避免批評」。舉例來說，彼得・史基爾曼（Peter Skillman）是PDA製造商 Handspring 的產品設計總監。他就訓練同仁在動腦會議上不去攻詰別人的想法：「每當有人批評別人的點子愚蠢或胡鬧時，我就按下鈴聲。然後說個笑話帶過，防止他們毀了一個可以加強和進一步思考的妙點子。」

當創意到了執行階段時，衝突也可能是毀滅性的。想法一旦經過集思廣益，確定發展方向後，意見一致就非常重要；只有意見一致才能確保每個人以相同的方法，朝共同的方向，達到共同的目的。如果要動的是像割除盲腸那樣既簡單又可靠的手術，你大概不會希望手術室裡還有人對該怎麼動手術在議論紛紛的吧。

有關團體效率的研究顯示，衝突可分成兩種。破壞性衝突指的是「情緒性的」、「人與人之間的」或「特殊關係」（relationship-based）的衝突。也就是員工的爭辯純粹因爲彼此厭惡和過去的心結。他們的衝突不是就事論事，而是爲了私人恩怨或覺得受到威脅。這類型的衝突不但造成員工心煩意亂和士氣低落，而且不論對創意或例行的工作都比較沒有效率。華頓商學院（Wharton School of Business）有位研究員描述某家公司就因爲這種人際衝突而深受其害：

言詞低俗（例如，爛貨、狗屎、笨蛋）和動作火爆（甩門、噘嘴、咆哮）。團體中的一位成員告訴我，「這個團體因爲創意人之間的私人恩怨而深受其害。所以，當時翠納（Trina）坐在那兒，收音機開得很大聲就成了導火線，」……「她是個爛貨……翠納和我合不來，我們永遠是死對頭，討厭對方，就是這樣。」

相反地，如果員工純就觀念進行理性之爭，不涉及私人恩怨或意氣用事，就是建設性衝突。研究員稱之爲「任務」（task）或「智慧」（intellectual）衝突。這類衝突的產生是「根據手中事實資料的討論」和「開發多重替代方案以增加爭辯的豐富性。」在彼此尊重的氣氛中針鋒相對——爭辯最好的想法和當中的理由。過去一些最具創意的組織和團體的員工都是彼此尊重，但在爲觀念爭辯時言語犀利、互不相讓。鮑伯・泰勒（Bob Taylor）原本是位心理學家，後來轉行成爲研究部門的行政主管。他在一九六〇年代的ＡＲＰＡ〔美國國防部先進研究計畫署（Advanced Research Projects Agency）〕和之後一九七〇年代在全錄ＰＡＲＣ的任職期間贊助各大學的電腦科學家，當時他就鼓勵這類型的衝突。這群科學家和工程師肩負著個人電腦、網際網路和雷射印表機等革命性電腦技術發展的重責大任。這群泰勒透過ＡＲＰＡ贊助的電腦科學家每年都會舉行一場研究會議。

每天討論的型態還是秉持特有的泰勒管理模式，每位參與者大約花一小時敍述自己的工作。接著就像一隻羊被推入狼群一樣，接受聯合法庭的拷問。「我讓他們彼此爭論，」泰勒洋洋自得的回憶說……「這群人關心自己的工作……如果有技術上的破綻，在這種情況下均無所遁形。這可是非常健康的做法。」

泰勒在全錄的ＰＡＲＣ以每周召開一次名爲「莊家」（Dealer）〔當時剛好有本名叫《打敗莊家》（*Beat the Dealer*）的暢銷書〕的會議，繼續推動建設性的衝突。每周會議的主講人就叫做「莊家」，負責設定當周的主題和辯論的規則。這位莊家提出一個觀念後，就得面對一群世上最挑剔、最積極和最聰明的工程師和科學家，這群人「絕不可能只是閒躺在那噁心難看的黃色沙發椅上。」不論在ARPA的研討會或PARC的「莊家」會議，泰勒只支持智慧性的衝突，絕對禁止利害關係或是人身攻擊方面的衝突。正如泰勒所言，「如果有人想做人身攻擊而不是就事論事，絕對無法得逞。」他說，在這「自由加入（free-for-all）的會議上」，人身攻擊是不被允許的。可以質疑別人的想法，但不是他的人格。泰勒努力塑造一種民主模式——無論提案者的學歷或身份，每個人的想法都一視同仁接受團體的檢驗挑戰。

種種的證據顯示，一個團體如果能夠避免人際衝突——而著重在智慧衝突——則將發揮更大的效率，這點在創意工作方面尤其明顯。但智慧衝突絕對無法完全脫離私人恩怨、偏見或憤怒，彼此涇渭分明。當團體針對觀念爭辯時，常常容易陷入私心作祟的個人衝突，尤其當團體的表現關係到個人的榮譽、前途和財富時更是如此。當自己的意見被攻擊時，或許（可能沒錯）認爲別人夾雜著人身攻擊。一旦有這種負面的反應，就很難採納別人意見，學習改進。甚至興起報復的念頭，假藉理性辯論之名質疑反對者的立場或對於批評者的專業或品德展開無情的人身攻擊。

證據顯示，一個人的個性是開朗或憂愁、樂觀或悲觀是人生中相當穩定的人格特質。例如，根據一份長達五十年的追蹤調查，年輕時個性開朗的人，幾十年後對工作滿意的程度較高。雇用性格開朗的人是化解破壞性人身攻擊的法寶之一，而且還有其它優點。有效率的團體會利用幽默、玩笑和笑聲讓人專注於事實而避免人身攻擊。人類學家、心理學家和社會學家都證實幽默可以促進團體在各方面的活力。許多笑話和風趣評語中隱含著反諷，提醒大家不要把生活看得太嚴肅，開懷大笑有助於消弭緊張情緒。我曾經看到一位處理破產的律師以一連串老掉牙的律師笑話卸除對債權人收取昂貴費用的緊張情緒（這位債權人已經被這位律師代表的破產公司積欠數百萬美元）。幽默要看對象，否則可能適得其反，但如果敏感議題和嚴肅訊息能以不具威脅性的幽默方式提出，就是建設性，這對於促進正反意見或不同選擇間的良性互動特別重要。

一項針對高科技公司高階管理團隊的衝突研究顯示，最有效率的團體開會時經常幽默風趣、笑話連篇，而且經常在辦公室搞些惡作劇。就像研究員所說的，「主席以玩笑的口吻說件事時，因為說的話亦莊亦諧，不會得罪任何人。聽的人接到嚴肅的訊息時可以裝作若無其事，保住顏面。因此，就能以更圓滑而婉轉的方法傳遞嚴肅的訊息。」

幽默只是讓大家愉快的方式之一，其它的方式還有：指派員工有趣的工作、尊重員工、提高薪水、提供免費食物等等。若干有趣又奇怪的情緒研究報告建議了另一些較常被忽略的方式。證據顯示微笑讓人愉快。要求員工保持微笑，不管他們最初是否心甘情願——結果都能增加正面的感受；相反地，愁眉深鎖降低正面的感受。羅伯特‧查強克（Robert Zajonc）和同僚證實微笑促使大腦產生冷卻血液的生理變化，讓人覺得愉快。下面兩張表說明當人們重覆開口說e或ah時會導致正面的情緒和較低的臉部溫度，顯然是因為發這些音時的表情類似微笑。這些圖表同時也說明如果重覆發o的音或德語的母音ü，就會有負面的情緒（和較

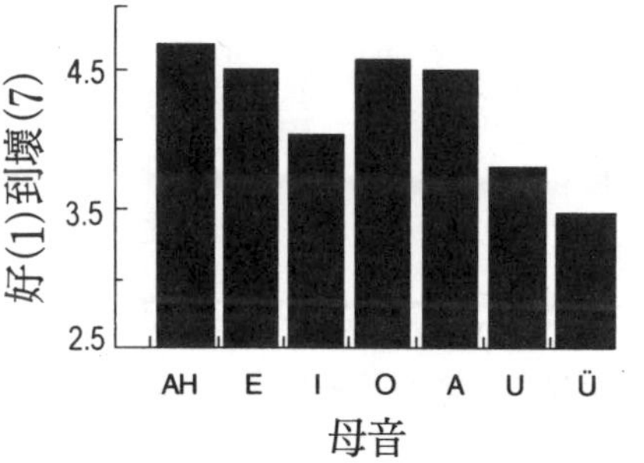

發不同母音所傳達的情緒

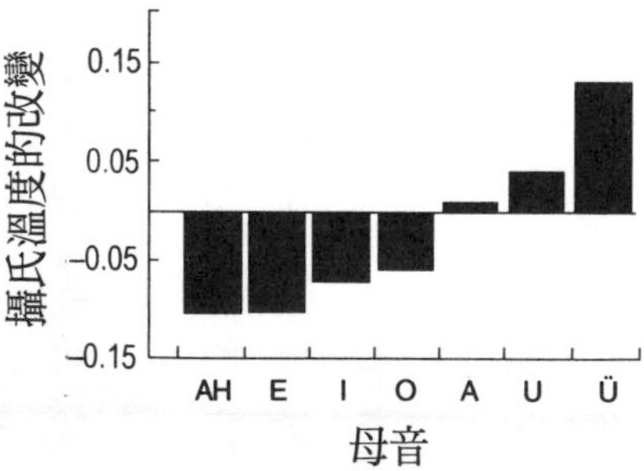

發不同母音臉部溫度的改變

高的臉部溫度），顯然這些發聲是愁眉苦臉的表情。在德國人和美國人的身上都可以明顯發現這個效果。研究員同時也證實溫度高低對情緒的直接效果，當冷風從臉部吹過會比熱風吹過來得讓人舒服愉快。其它數以百計的研究也說明高溫是造成心情浮躁和人際衝突（特別地具攻擊性和暴力）的元凶之一。

所以，你如果眞要搞些奇招，可以要求員工嘴裡複誦「ah，ah，ah」，「e，e，e」或是「7，7，7」以提高員工的快樂感（和創造力），或是以冷風吹過他們的臉部，或直接調低創意人工作大樓的溫度。或者就像密西根大學的珍妮・達頓（Jane Dutton）在聽過查強克的論調後告訴我，「當我需要好心情時，就只要回家一頭栽進冰箱裡。」

文獻指出，不管如何營造公司歡樂的氣氛，只要是正面情緒就有種種優點，這對創意相關的工作尤其有效。美國的心理學家，特別是在一九八〇年代花了很多時間研究正面情緒的好處，原因之一可能是這段期間雷根擔任總統。雷根是標準的樂天派，有時候就像六十年前紐約州州長亞爾・史密斯（Al Smith）所說的「快樂戰士」。另一項原因是美國經濟在「前進的八〇年代」（go-go 80）情勢大好，所以一般人都對生活抱持樂觀的態度。天曉得心理學家事不是只想證明鮑比・邁可費恩（Bobby McFerrin）的暢銷曲是對的，「別擔心，快樂點。」（Don't Worry, Be Happy）。各種調查分析的項目包括快樂和不快樂、樂觀和悲觀的人；正面情感和負面情感的人；幸福和悲傷等等之間的差異。但不管項目怎麼改變，可以確定的是，用好心情去過好日子準沒錯，特別是當你希望自己成爲一個有創意的人。

許多實驗指出，讓一個人有好心情（例如，給些糖果或看場有趣的電影），能夠激發他們更多的創意。比方說，他們會想出各種怪招讓蠟燭燃燒不滴蠟，或是在文字和想法之間找到更模糊和遙遠的聯想。和心情普通的人相比，「心情好的人認知上富有變化——豐富的聯想力、寬廣的視野，和看透各種因素間的可能關聯性。」換言之，他們能產生多樣的想法和各種想法的組合，而這些都是創意工作的重要元素。

以上的試驗項目眾多，但觀察的時間很少持續一小時以上。研究樂觀和毅力之間的關係，最好是觀察創意工作在團體中實際運作的情形。賓州大學（University of Pennsylvania）的馬汀・席利格曼（Martin Seligman）教授的研究指出，樂觀者往往把挫折看成是暫時的，不是自己的錯，而且不會影響其它的生活；然而，悲觀者遇到失敗則哀聲嘆氣、深深自責，認爲一次的失敗將是一連串厄運的開始，而且會影響生活的腳步。誠如我之前所說的，創意公司推出的想法十之八九是失敗的。從事這一行的人一定要樂觀，因爲樂觀就是一劑強心針，能夠抵抗伴隨失敗而來的心力交瘁。創意公司的員工不能把僵局、錯誤和失敗當作放棄的理由，否則絕不可能從這個令人氣餒灰心的過程中發展出少數成功的點子。

擅長創意工作的人在從事若干失敗率高的任務時，更是需要樂觀。他們或許能以高估的成功機率做爲前進的動力和維持樂觀心態的妙方。這些人可能——也許應該——過於高估成功的機會，也容易自欺欺人的認爲結局一定會比眼前的事實好。有一份針對大企業主管和企業家決策行爲的研究報告指出，企業家往往對自己的決定信心十足。但如果企業所追求的想法經過長時間的證明失敗後，還執迷不悟，就可能造成災害。但即使客觀的證據不利，企業家若能展現旺盛的自信心，則將產生一種彌補的作用。因爲當企業家（和其它的創意人）高估成功機率時，也許就會更賣力工作、積極地說服別人助其一臂之力，這都會增加（雖然機率仍低）任何一個想法或公司成功的機會。這種「自我強化的幻覺」（self-enhancing illusions）還有另一個好處。經常自我催眠、凡事往好處想的人比那些務實（和憂鬱）的同事擁有更健康的身心。

當然，別因此就誤以爲消極、性情憂鬱或孤辟的員工一無是處。證據顯示，憂鬱的人比較不會莽撞冒險，而且比開朗的人更能找出想法的缺失。根據針對商學碩士和工程師一項模擬決策的調查顯示，如果問道在引擎可能故障的極大風險下是否願意賽車時，個性較不開朗的人比較擅於挖掘負面訊息也較不願意冒險。這是根據事實的看法。美國航太總署的官員於一九八六年一月二十八日做出發射挑戰者號太空梭並導致爆炸的致命決策，而這群學生就是引述這次災難中外部溫度和引擎故障關聯性的實際數據作出判斷的。所以在高風險的情況下，一些持反對意見的員工特別顯得可貴。

然而，雇用老是發牢騷的人要特別謹愼小心。研究顯示，情緒具有傳染性，負面的情緒會像傳染病一樣在公司蔓延。而對這種兩難的解決之道就是雇請一些老是不滿的人，然後讓他們在公司大部分的時間都和別人保持距離。我這個主意來自一家公司雇請一位愛抱怨的工程師，他經常動怒而且凡事無所謂的模樣，但卻有高強的本事找出別人忽略的錯誤和問題。雖然大樓裡每個人都是在小隔間裡工作，主管卻給他一間有門的單獨房間，只有當需要他找錯誤和毛病時才請他出現。然後，他回去又被隔離了！自從我開始談到這個傢伙後，其它主管告訴我至少還有幾個這種「地方惡霸」和「派駐評論員」被隔離在公司的其它工作場所。

奇招第五式：利用「快樂戰士」激發創意

・在創意形成的最初期，要避免任何形式的衝突，但在中期階段就要鼓勵同仁針對觀念爭辯。

- 當觀念爭論的氣氛變得劍拔弩張和涉及人身攻擊時，應鼓勵——並教育——以無傷大雅的笑話舒緩緊張氣氛。
- 教育員工如何分辨人際衝突和智慧衝突兩者之間的差異。利用上課和輔導以及以身作則的方式，教育員工正確（和錯誤）的爭辯方式。
- 找些例子說明正確的辯論如何讓公司產生更多的創意，並談談這些成功的故事。
- 資深主管應該樹立典範公開就觀念看法來辯論，並避免不得體的人際衝突。
- 如果員工——包括資深主管——不顧三令五申的勸阻，屢屢進行不得體的人身攻擊，就應該嚴懲不貸。如果各種手段都無效，就開除他們。
- 雇用開朗的員工，並盡量讓他們保持原有的個性。情緒是會傳染的，要盡量讓他們和公司其他同仁保持互動。
- 教育員工——利用上課、輔導和樹立典範——養成抗拒被拒絕和不服輸的精神。
- 雇用一些老是發牢騷的員工，但大部分時間要讓他們和公司其他同仁保持距離，因為情緒是會蔓延傳染的。當你需要他們的專業和看法時，暫時請他們出來然後再送回去隔離。
- 如果員工生性開朗樂觀，但卻學不來如何為觀念去爭辯，他們可能比較適合例行性工作而不是創意工作。

9

奇招第六式

獎勵成功和失敗，懲罰怠惰

IDEO 的凱利說，創新的竅門是 FLOSS：
失敗（Fail）、以左撇子的立場思考（be Left-handed）、
袖手旁觀（get Out there）、
不拘小節（be Sloppy）和愚蠢（be Stupid）。
IDEO 的創新座右銘是「早點失敗，經常失敗。」
美國棒球巨星貝比・魯斯（Babe Ruth）或許說得最傳神：
「每次揮球落空就讓我更接近下一支全壘打」。

想成功，把失敗率提高一倍就行了！

——湯姆士・華生（Thomas Watson Sr.），IBM創辦人和前執行總裁

每個點子都很棒。史蒂夫・羅斯（Steve Ross）有個很妙的管理理念——不犯錯的同仁就會被炒魷魚。

——華納傳播公司（Warner Communications）的董事長史蒂夫・羅斯在早期的MTV鼓勵員工要有瘋狂的點子

創新完全是高生產力的結果。創意人如果要提高賣座的產品，就必須冒險同樣增加瑕疵的產品……最傑出的創意人往往就是失敗最多的人！

——研究員賽門頓在個人創意學術研討會上的結論

近來的商業報導總是大談失敗帶來的神奇妙用。有些故事讓人覺得彷彿犯的錯誤越多就越容易致富。管理大師湯姆・彼得斯（Tom Peters）舉出包括愛迪生和瑪莉・凱・艾許（瑪莉凱化妝品的創辦人）的例子，說明失敗是通往成功的捷徑。波士頓愛樂（Boston Philharmonic）的指揮班傑明・桑德爾（Benjamin Zander）也經常到處演講談領導力，他鼓勵大家應該為犯錯感到慶幸。每回樂團的音樂家犯錯時，他總會訝異的說，「眞迷人！」IDEO的凱利說，創新的竅門是FLOSS：失敗（Fail）、以左撇子的立場思考（be Left-handed）、袖手旁觀（get Out there）、不拘小節（be Sloppy）和愚蠢（be Stupid）。IDEO的創新座右銘是「早

點失敗，經常失敗。」美國棒球巨星貝比‧魯斯（Babe Ruth）或許說得最傳神：「每次揮球落空就讓我更接近下一支全壘打」。

不知你聽了做何感想。雖然談起失敗的好處，總是說得頭頭是道、振奮人心，但一旦失敗臨到自己身上，還是會覺得沮喪失意。我自己討厭犯錯和搞砸事情，這讓我難堪、沒面子。我也討厭家人、親朋好友和同事失敗；因爲我會替他們感到難過並覺得自己難辭其疚。我甚至也不喜歡對手失敗；我會替他們感到惋惜遺憾，並有股莫名的衝動想幫助、安慰他們。失敗眞討厭。不幸地，正如前述，種種理論和證據都顯示，如果沒有爛點子就絕不可能有妙點子。如果你害怕犯錯、不願白忙一場而且要時時成功，那麼就會和創新絕緣。本章旨在探討創新公司應該設立什麼樣的獎勵制度才能鼓勵員工以正確的方向，勇於面對失敗。我希望你能瞭解，如果公司要鼓勵員工不斷產生新點子、以客觀的方式檢驗這些點子，並且避免回頭尋找現成的技能，單靠獎勵成功是不夠的；應該也要獎勵失敗，尤其有時候雖然白忙一場，但能獲得寶貴的新經驗，並且讓大家在前進的路上充滿樂趣。

幾年前，商業周刊認爲市面上有太多「慘敗」的新產品，所以應該在產品發展之初就採取對策以減少犯錯的頻率。這個建議不足取。根除慘敗也就連帶根除創新，特別是在創新過程中點子剛要萌生時那最最關鍵的初期。降低慘敗機會的唯一方式是避免採用未經驗證的觀念，只依靠現成、舊有的觀念。商業周刊夠聰明的話，應該建議公司早點失敗。我們要做的是一旦某個想法証明行不通，就應該立即喊停。如果越快失敗，就可以著手下一個壞點子，而且沿路盡量學習。

本田汽車公司（Honda Motor Company）的創辦人本田宗一郎（Soichiro Honda）就深深掌握箇中要領。他說，「人人夢想成功。對我而言，只有不斷重複的失敗和反省才能成功。事實上，工作上百分之一的成功是從其它百分之九十九的失敗得來的。」這番話說明何以創新工作和採用現成知識之間的邏輯是如此的不同，本田汽車如果百分之九十九的零件有毛病，就乏人問津了。從品質管理的角度而言，差異是品質的天敵，正確做法的任何一項差異就叫作錯誤。但差異是創新的朋友。產品發展要做到零缺點的唯一方式就是不容許任何新觀念的產生，並採用「嘗試求眞」的方法，而且始終如一地重覆執行這套方法。

前華納執行總裁羅斯說過，犯錯犯得不夠多的員工應該被開除，這眞是驚人之語。幾乎沒有公司獎勵失敗，甚至連容忍失敗都做不到。大家都認爲成功的員工應該論功行賞，而失敗的員工除了挨頓罵、降職或被炒魷魚之外一無所有。所以當你聽到我要獎勵失敗的想法時，一定會捧腹大笑。我同意有時候只獎勵成功是正確的作法。如果你知道做事的「正確」方法，並且希望員工未來最好完全複製過去的成功經驗，那麼只獎勵成功是合理的。但如果你希望打造的是一家創意無窮的公司，這就不是明智之舉了。

只獎勵成功的後遺症會使員工害怕冒險，不敢引進及測試其它公司或產業的新觀念、也不願爲舊想法找到新用途，而且也不敢嘗試融合舊知識成爲新觀念。如果希望員工有創意，就得希望他們花點時間做夢、改良和測試未經考驗的——大部分也是那些從未成功過的——

想法。我們應該把成功看成是意外的驚喜，如果經常成功反倒應該擔心。杜克大學（Duke University）的一位研究員說道：

就像公司對員工或部門其他各方面的表現所作的考核與獎勵，對失敗的考核與獎勵也是同樣重要的。當一家公司把失敗當成嚴肅的策略，員工如果沒有製造足夠的「碎紙堆」，就會被視爲不夠冒險進取、不敢面對失敗和缺乏貫徹自己想法的決心。

「東西沒破，就別修理」（if it ain't broke, don't fix it）這句老話是世界正常運轉的最佳理由。等到舊東西或老方法在新環境中破損、失靈，才有理由去學習和改變、挑戰現況並尋找新點子。誠如亨利．福特所說，「失敗讓你有機會以更聰明的方法重新開始。」這種失敗刺激學習的論點也出現在華倫．班尼斯曾經提過的一個（可能是虛構的）故事：ＩＢＭ的創辦人和執行總裁華生有一次把一位犯錯而使ＩＢＭ損失一千萬美金的經理叫進辦公室。這位經理說，「你希望看到我提辭呈吧？」華生回答，「開什麼玩笑！我們才剛花一千萬美元訓練你呢！」

微軟公司當初聘請理查．貝魯佐（Richard Belluzo）主導網際網路的運作也是同樣的道理。貝魯佐曾是惠普科技的高級主管，在惠普待了十五年後到ＳＧＩ（Silicon Graphics Inc.）擔任將近兩年的執行總裁，想帶領公司重振雄風卻未能如願。然而，微軟的高級主管顯然不認爲這是項缺點，而把貝魯佐在SGI的挫折看成是別家公司付出代價得來的寶貴經驗。就像《紐約時報》（*The New York Times*）報導的，「SGI仍未轉虧爲盈，而且最近又再次更改策略。微軟公司把他在這家公司的慘痛經驗看成是極寶貴的學習經驗，而不是他職業生涯上的污點。」

像醫院和學校這類經常從失敗中學習的公司和組織，在面對同仁犯錯時，採取的態度不是「原諒和忘記」，而是「原諒但記住」。寬恕員工的失敗很重要，因爲這能夠維持他們的自尊和繼續成爲團體中受重視和受尊敬的成員，而不會因爲「犯錯」而被排擠。寬恕還有其它的作用。一份針對手術中犯錯的研究發現，「當部屬看到自己犯錯能被原諒時，就知道沒有必要隱瞞任何過錯。因此，也比較不會爲了擔心上司的懲罰而自行解決問題，導致漏子越捅越大。」

但是寬恕還不夠。從失敗中學習的組織要學習寬恕和記住，不可以寬恕後就忘記。網景（Netscape）創辦人之一馬克・安卓森（Marc Andrerssen）創立一家新公司勞德克（Loud-cloud），該公司的目標是不斷的犯新的錯誤而不是相同的錯誤一犯再犯。Reactivity 公司（一家軟體公司）創辦人之一的約翰・里利（John Lilly）則對於公司從錯誤中學習的速度並不樂觀。里利告訴我，「我們知道，如果不能停下來好好思考和討論所犯的錯誤，勢必一再歷史重演。但若眞的這麼做，通常得花很長的時間才能學習不再重犯。眞希望在第一次犯錯時就能學得經驗，但至少現在我們已經在學習了。」

林肯電機公司（Lincoln Electric）的前執行總裁唐・哈斯丁（Don Hastings）對於寬恕自己和別人，記取教訓和創造公司的績效等方面都展現過人的能力。他在《哈佛商業評論》（*Harvard Business Review*）一篇令人矚目的文章中告訴讀者，就和對公司同仁說的一樣，公司因爲積極拓展國際市場而蒙受虧損，這是高階管理階層的錯誤，並說明從中學得的經驗：「這場危機的根本原因在於林肯公司的領導人，包括我自己，對於公司的能力和系統過於自信……我們曾天眞的以爲憑著林肯公司有限的管理資源，就可以立即躍升爲一家全球化的公司。」

當然，這並不是說公司應該獎勵愚蠢、怠惰和不勝任的員工。而是應該鼓勵智慧型的失敗而不是愚蠢的失敗。如果你希望公司有創造力，怠惰懶散就是最糟的一種失敗類型。研究員賽門頓以充分的證據顯示，創造力最重要的源頭是積極進取而不是怠惰懶散。他在研究包括作曲家、藝術家、詩人、發明家和科學家在內的各行各業之後，得到一個結論：創造力是產量的函數。他的研究顯示，「從這些創作人的職業生涯的各階段可以看出，成名創作的顚峰期往往也是失敗最多的時期」，而且「當創作人變得越有經驗或越成熟時，這種品質的比率既沒提高也沒有下降。」

當然也有例外。例如，儘管大家公認數學家最好的作品都是出現在三十歲以前，但生物學家和基因學之父孟德爾（Cregor Mendel）就能僅以六篇著作持續震撼著世人。但是愛迪生、達文西、愛因斯坦、牛頓和畢卡索更是典型的「天才」，他們的創作量都遠比同時代的人爲多，而且犯的錯誤不勝枚舉。愛因斯坦曾提出一套嚴謹的理論企圖推翻波爾（Niels Bohr）的看法，卻証明是錯的，因爲他沒把自己的相對論給考慮在內！或許因爲這樣愛因斯坦才會說，「從不犯錯的也從不嘗試任何新鮮的事物。」牛頓爵士曾花了不少工夫在煉金術上頭。而常被譽爲人類歷史上最聰明的人的達文西也曾宣揚一些不切實際的理論，而他更可能因爲僅僅憑著木製的翅膀就從懸崖上縱身一跳而在人類飛行史上軋上一腳。他還特別醉心於「面相學」，就是僅由臉部輪廓就能判斷出個性的一種「科學」。

簡言之，從創作的相關研究顯示，我們無法從一開始就判斷某個想法是成是敗，因爲創造力大都是產量的函數。這些調查意味著，員工做事的多寡是評估創意人最重要的指標之一。而且證據指出，因爲怠惰所導致的失敗是無法原諒的，或許這是鼓勵創新時唯一應該受到懲罰的一種失敗。過去幾年，有人勸我剔除本奇招中「懲罰」的字眼，他們認爲這兩個字太刺眼了。我不同意。如果員工不能經常發想，不願動腦思考新舊點子的不同用途、不敢測試自己的直覺，就不會產生新的觀念、產品和服務。如果要用其它婉轉的字眼替代，無妨。但只要想創新，就得改變或鏟除消極而無作爲的員工。

有些人整天高談闊論、規劃準備，卻從未付諸行動。公司應該把這群人降級、調職甚或開除，至少要訓誡他們實際去做點事。而那些只會整天批評同事的想法而自己卻從來提不出意見的員工，也應該受相同的懲罰。同樣地，整天開會、撰寫新產品及新服務的詳細發展計劃，卻僅限於紙上談兵，從未實兵演練的團體也應該解散，而且領導人也該調職並接受訓練。

或許把「訓練」說成是一種懲罰並不妥當，但是相信我，如果把員工調離現職，並告訴他除非有所改變，否則無法恢復原職時，他們就會將此視爲懲罰。這種感覺就像冰上曲棍球選手犯規後被罰坐在違規區不能出場一樣。

菲佛和我發現，許多公司掉入這種「能言善道陷阱」（smart talk trap）而效率不彰、深受其害。這種毛病的併發症就是話說得天花亂墜卻一事無成的員工往往獲得公司的雇用、獎勵和晉升。在這種組織內，竟然可以容忍——甚至偏愛——咄咄空言取代認眞實幹。怠惰對任何公司都是有害無利的，但對以創意爲主的公司尤具殺傷力，因爲行得通的創意往往是萬中選一，非得多嘗試才行。

我幾年前研究一個開發消費性新產品的團隊。這個團隊成員花了不少時間討論這項產品是否眞有賣點。他們邀請專家評論這項產品的功能，又請來更多的專家探討產品的市場性。團隊中有位工程師還接受心理學和快速原型技術的訓練。他不斷的問領導人可否先製造一些原型幫助團隊判斷這種產品是否實用、還需增加哪些功能和是否符合消費者的需求。而且家中有現成的零件，只要幾個小時就可以完成一個原型。但老闆的答案總是，「還早。」經過一年多的討論，連具原型也沒有，更不必談測試了。最後這個專案因爲市面上推出相同的產品（而且暢銷熱賣）而放棄。搶先推出這項產品的公司大約也在一年前組成一組設計團隊，幸好沒有掉入「能言善道的陷阱」，而立刻動手打造原型和進行測試，才能掌握商機。

懲罰兩個字看得刺眼，讓人坐立難安。員工當然不喜歡被罰，也只有心理偏差的人才會以懲罰別人爲樂。但我認爲上述毫無績效的團隊或任何想創新的組織領導人，如果只會空談沒有行動、阻礙眞心推動團隊點子的員工，那麼被懲罰是罪有應得。創新絕對不是只靠孕育、描述和討論而已。除非上述步驟能夠讓觀念、產品或服務具體成形，並用來測試和修正，否則這些討論只是浪費時間而已。有創造力的公司必須不斷地把新點子、產品和服務實際演練，才能從中瞭解觀念的可行性，或是不足之處以及該修正和保留的地方。不管結局是成功或失敗都無關緊要，員工這類不斷的嘗試和學習的行爲都應該獎勵。

SAS公司是位於北卡羅納州一家頗具規模的軟體公司，執行總裁吉姆．固德奈特（Jim Goodnight）曾公開談起自己和其他人曾犯的錯，而且政策中明白宣佈絕不懲罰犯錯的人。SAS人力資源部退休的副總裁大衛．羅素（David Russo）說，「最明智的作法是不要重蹈覆轍。」伊達拉（Edra）是義大利米蘭市（Milan）的一家設計公司，向來以創新的傢俱設備享譽全球；該公司對於犯錯也是採取寬容的態度。首席設計師莫尼卡．馬采（Monica Mazzei）表示，伊達拉通常先從三百件雛型中製作三十件原型，最後大約只有三件作品送到米蘭參加國際傢俱展（Salone Internazionale del Mobile）。我在第一章提到IDEO的玩具設計公司Skyline成功的原因在於——不是唯一——他們通常發展出四千個點子後，只製作二十幾個草圖或原型，最後上市的只有十二個。布蘭登．波伊爾（Brendan Boyle）和其他Skyline的玩具設計師並不會死抱著某種觀念不放或煩惱創意不夠好，而是不斷討論更多的新點子，經常隨手就把點子畫成精美的草圖或粗略的模型，並且經常向潛在客戶請教。他們從來沒有想到自己是個成功率不到百分之一的團體，他們把自己看成永遠不斷構思新點子的員工。

舉例來說，大約十年前，布蘭登在電腦輔助設計機器上隨手畫出一種設計，讓人們能把旅館常用的「防盜」衣架「借」回家用。布蘭登的設計不但有趣而且充滿創意。每回我談到這件事，聽眾總是竊笑。當然，IDEO並未想把這產品推出上市，因爲認爲市場規模太小，而且旅館業可能反對。然而，這個設計讓我會心一笑——每個聽眾也是如此——因爲這是個可愛的失敗，抓住讓創意工廠充滿活力的遊戲精神。多數失敗的點子並不會這麼有趣，但當以創新爲職志的公司，應該維持像 Skyline 一樣狂想的熱情。

固德奈特、馬采和波伊爾不是只會把實驗和接受高失敗率的好處掛在嘴上，而是眞正付諸行動。獎勵行動——即使失敗——是經理喜歡掛在嘴上的觀念。或許大家一開始會對這個觀念爭論不休，但只要想到鼓勵員工發展新觀念和墨守成規之間的差別後，大家就會形成共識。然而，即使大家對高失敗率的優點知之甚詳且朗朗上口，但一旦眞要獎勵冒險的失敗，經理人還是覺得左右爲難。我的學生研究一家高科技公司發現，公司在新人到職的第一天總是鼓勵他們要當個「冒險家」。公司的各種資料經常引述執行總裁的話，希望員工在冒險和嘗試失敗後，「事後請求原諒」，而「不要事前請求批准」。然而，這項調查顯示，一旦員工失敗，即使是奉命行事，也會被資深主管責罵，取消員工認股權，甚至解聘。結果，資深主管以下各級員工很少敢冒險或嘗試，而且沒有人敢承認失敗。儘管訓練員和執行總裁的苦口婆心，在這個地方光說不練還是比冒險失敗來得安全。

最後，我雖然一再強調要記取自己或公司失敗的教訓，但還是記取別家公司失敗的經驗比較有效而且不會感到痛苦。當我們想到這是別人而不是自己的失敗，就比較不會去辯解、否認，甚至反而會說服自己這是個難得的失敗經驗。這是惠普「策略性規劃與模式建立小組」(SPaM, Strategic Planning and Modeling Group) 經營模式的優點之一。這個小組十年前成立，用以協助惠普供應鏈的臻於完善。當時，惠普公司有超過一五〇個部門並未與其它部門共同分享成功或失敗的經驗。SPaM強而有力的模式建立技術可以讓第一批委託者省下數以百萬計的錢。更重要的是，每個新計劃都讓SPaM小組了解到何者可行，何者不可行，讓未來的委託者能學得彼時彼地發生的錯誤，而不是只從自身的錯誤來學得經驗。領導這個小組近十年的畢林頓說道：「如果惠普的部門想讓自己的供應鏈流暢，他們可以在公司每個角落設斥侯偵察，或者也可以與我們聯繫。他們一定可以從惠普內外數以百計跟我們合作過的人那兒聽得一些有的沒的，不過直接跟我們合作既便宜也要快多了。」

總而言之，如果你希望公司有創造力，就應該獎勵員工採取有智慧的行動，而不是只會討論失敗、試驗或冒險的種種優點。甚至給予成功和智慧型的失敗一視同仁的獎勵還不夠。我們的文化一向賦予成功過多的價值，因此成功的員工仍比同僚和外部人士得到更多的獎勵，而對失敗的懲罰又過於嚴厲。爲矯正這種偏差的觀念，或許這個奇招的名稱應該是「對失敗的獎勵多於成功，並懲罰怠惰。」

奇招第六式：獎勵成功和失敗，並懲罰怠惰

・晉升和雇用有過智慧型失敗的員工，並在公司宣佈這是他們接掌重要工作的原因之一。
・監督和獎勵失敗，並且花點時間討論從中學得哪些經驗。
・如果員工的失敗率很低，應該尋找他們不夠冒險或隱瞞錯誤的蛛絲馬跡，而不是要其他人以他為榜樣。
・錯誤可以被原諒，但要銘記在心；不可以原諒以後就忘記。
・鼓勵員工犯新錯誤，對於老犯相同錯誤不知記取教訓的員工，就算他們坦白公開討論自己的錯誤，仍不該獎勵。
・資深主管應該談談自己的失敗，以宣示失敗是可以期待和必需的。
・竭盡所能——利用稱讚、談笑、金錢、晉升、降級，甚至開除——告訴員工怠惰就是最慘的失敗。
・當員工坦白自己做得不多時，應該留心，但當他們大量生產時，就將會「不得了」。記住，創新大多是產量的函數。
・不只學習和記住自己的失敗，更要吸取別家公司和團隊犯錯的經驗。不但代價低而且不會難受。

10

奇招第七式

決定做些可能失敗的事，然後說服自己和別人成功指日可待

只要下定決心做某件事，全力以赴就能增加成功的機率。

正面思考的威力無窮，信心可以讓夢想成眞。

要提高成功的機率，就要忘掉希望渺茫這回事。

要以無比的信心和堅定的毅力說服自己

和周遭的人相信這個主意一定會成功。

誠如亨利・福特所言，

「你認爲自己行就行，不行就不行，完全操之在你。」

多數怪傑奇才的人下場都是湮沒在改革失敗的廢棄文件中，無法成爲英雄或爲組織帶來轉變。

——詹姆士・馬奇，組織學理論家

相信自己，而且大聲地說出自己的信念。只要是自認與眾不同的事，就要勇敢地與眾不同下去。立刻動手讓事情變得更好。

——吉歐弗瑞・巴拉德（Geoffrey Ballard），巴拉德電力系統（BPS，Ballard Power Systems）的創辦人，並且是提供巴士和汽車動力的燃料電池（fuel cell）發明人之一

所謂自我應驗的預言，就是開始時因誤判情勢而採取新的行爲，卻讓原來錯誤的認知成眞。這種自我實現預言的邏輯似是而非，卻是錯誤永遠存在的理由。因爲預言家會把整個過程說得生靈活現，好像一開始就掌握正確方向。這些是社會邏輯偏執的地方。

——羅伯特・梅頓（Robert Merton），社會學家

把成功與失敗一視同仁，一律獎勵的主因之一在於主管、分析師和所謂專家（和其他人一樣）根本無法預測新點子的成敗與否，所以有時候唯一務實的作法就是鼓勵員工不斷地嘗試。我不是要像漫畫呆伯特（Dilbert）中暗諷主管比部屬愚笨。雖然有時事實如此，但多數公司主管對負責的工作都有比較豐富的專業知識。即使如此，仍沒有理由相信高階主管或相關

當局會比其他人更英明，能鐵口直斷一個新點子的成敗。有些高階主管和專家就坦承自己缺乏正確的預測能力。例如，諾基亞的執行總裁喬瑪·歐利拉（Jorma Ollila）在一九九二年曾斬釘截鐵的預測，行動電話的銷售量在西元二千年以前將成長到五億支，結果只成長到四億五千萬支。但歐利拉強調，雖然專家經常對自己的預估數信心滿滿，但他已學到不必太在意這些預測，因爲那些預測通常與事實不符。

畢竟，權威人士曾經把伽利略（Galileo）對地球形狀的發現視爲異端邪說，也曾對萊特兄弟（Wright Brothers）的飛機、全錄的第一部影印機、電視、微處理器、傳眞機和利貼便條紙（Post-it notes）嗤之以鼻。伽利略因爲主張地球是圓的而遭牢獄之災。萊特兄弟被嘲笑是找死的瘋子。在此之前，每個嘗試動力飛行的人都鎩羽而歸，有的還賠上性命，所以說他們是找死的瘋子在當時是合理的推論。二十世紀福斯電影公司（Twentieth Century-Fox Studios）的老闆德賴爾·桑納克（Darryl F. Zanuck）在一九四六年談到美國消費者對電視的反應：「電視上市六個月後就沒法再打入市場了。因爲過不久，大家就會厭煩每晚盯著一個三夾板做成的木盒。」一九六八年，IBM高等電子計算系統部門（Advanced Computing Systems Division）一位工程師對於有人宣稱微處理器將是未來的潮流時說，「這個鬼東西有啥用？」3M工程師亞特·弗萊（Art Fry）提出利貼便條紙的想法時，始終被管理階級否決，尤其是行銷部門。

事後證明，當初排斥這些構想的「權威人士」都是錯的。但從歷史的角度來看，新觀念通常以失敗收場，所以否定新觀念的人通常對的機會要遠遠超過錯的。問題是，我們除了要雇用贊助那些滿腦子奇怪卻錯誤想法居多的人之外，還要聘用一些我們不知道何時會做對事情的人。每個團體莫不絞盡腦汁提高成功的機會。例如，許多公司在產品發展過程中設立重重「關卡」，由行銷、製造等部門的「專家」詳細檢查新點子。聽說好萊塢的製片家每年從幾百部本「強力推薦」的劇本中只找到幾本值得拍成電影的。創投資本家每年要看過數以百計的商業計劃並和幾百位企業人士面談後，才找得出幾位值得贊助的。例如，軟體銀行（Softbank）的創投家海迪・羅伊森（Heidi Roizen）每年篩選近一千份商業計劃後，只贊助十二個。製片家和創投家都知道篩選過的爛點子越多，就越有機會找到難得的妙點子。

這些篩選的動作或許能降低失敗率（儘管我找不到任何證據來支持這個論點），但即使經過精挑細選之後，創意相關工作的失敗率仍居高不下。誠如一位組織學習的專家所言：

如果一眼就能分辨出高瞻遠矚的天才，我們會毫不猶豫的去做。可惜，高瞻遠矚的天才和胡思亂想的瘋子的差別，從歷史書籍中要比從實際經驗裡容易分辨得多。而為難的是，雖然明知新奇、怪異的想法是進步的原動力，但許多創意十足的點子最後都變成餿主意……政治界的異議份子、宗教界的異教徒、瘋狂的藝術家和團體中的夢想家所提出的大多數是愚蠢而不是聰明的怪點子。我們之中只有少數的異教徒被奉為聖徒，而且我們沒有能力認出走在時代尖端的聖人。

然而，有一套簡單、可靠和實用的方式可以讓高風險計畫的成功率提高。只要下定決心做某件事，全力以赴就能增加成功的機率。種種證據顯示，正面思考的威力無窮，信心可以讓夢想成眞。要提高成功的機率，就要忘掉希望渺茫這回事。要以無比的信心和堅定的毅力說服自己和周遭的人相信這個主意一定會成功。誠如亨利·福特所言，「你認爲自己行就行，不行就不行，完全操之在你。」飛機設計師和前試飛員柏特·魯坦（Burt Rutan）當初率領團隊研發第一部中途免加油，直接環繞世界一周的航海家（Voyager）飛機時，也是抱持相同的理念。當時許多「專家」預測航海家的命運就和魯坦所設計的其它實驗飛機一樣，註定失敗。爲了激發大家的潛力，魯坦告訴工程師「再怎麼沒道理都要有信心」。

只要堅信某件事（或某個人）一定會成功，就會燃起驚人的力量去說服別人。許多醫學文獻一再證明這種所謂的安慰劑效果（placebo effect）：只要病人認爲治療有效，就算是假手術（Sham operations）、糖衣藥丸和沒有作用的疫苗也和「眞正的藥物」一樣有效。有一項研究顯示，接受膝蓋假手術的病患（只是輕輕切開患部讓他們以爲眞的開過刀），其疼痛減輕的程度和眞正接受膝蓋手術的病患一樣。在用藥方面，服用假藥丸的病患有百分之三十五到百分之七十五的病情有改善，視情況而定。《紐約時報》報導：

> 去年夏天，英國一家名叫縮氨酸療法公司（Peptide Therapeutics）的股票下跌百分之三十三，只因爲公司公開宣稱所生產新型抗過敏疫苗的效果和安慰劑沒什麼兩樣。該公司

根據對食物過敏病患的試驗後，發言人興奮的表示，百分之七十五的病患容忍食物的狀況已明顯改善到前所未有的程度。但是當控制組的資料送來時，尷尬的是，剛好也是百分之七十五的試驗對象服用沒有作用的膠囊。

針對自我實現預言的研究報告共有五百多篇。這些研究顯示，不僅僅樂觀的期待可以讓人身心舒坦，信心——即使是昧於事實的信心——也能讓人有更好的表現。這些大都是在課堂進行的實驗，但也有幾十項是針對其它團體的研究。這些研究發現，在不考慮其它因素情況下，當領導人相信屬下會表現良好時，這種正面的期待眞正能讓屬下表現良好。反之亦然。這類的研究大多是研究員故意誤導老師或領導人相信某些學生或部屬具有特殊專長，實際上這些「極具潛力」的對象是隨機挑選，和其他人相比並無過人之處。

要說服領導人相信部屬會有傑出的表現可說是輕而易舉。就以一份以色列新兵訓練營的研究爲例。研究員告訴訓練教官，經過對即將入伍的新兵進行幾分鐘的互動測試後，三分之一新兵具有「高指揮潛能」，而這項預測有百分之九十五的正確率，其它新兵則屬資質平凡或潛能未定。這類的研究員都在撒謊。其實他們把新兵隨機分成「高」、「中等」和「未知」三組，研究員並未告訴教官其它訊息，而新兵也不知道自己被分到哪一組，甚至也不知道自己是實驗的對象。經過爲期十五週的新兵訓練後，發現「高」的一組新兵的表現遠比「中等」和「未知」兩組的新兵優異。無論在射擊、航海術和各項戰術測驗都被教官評等優異，而這些教官並不知道這批是所謂具「指揮潛能」的新兵。

這類相關研究都證實，人們一旦被貼上「深具潛力」的標籤，表現會比同儕來得出色。因爲他們（被矇騙）的領導人會在他們身上投入更多的資源和心力，並且教育他們要有自信。當這些（隨機抽樣）的明日之星遇到挫折時，領導人會安慰他們挫折是一時的，並且錯不在他們，也不會影響其它生活的表現。當他們成功時，領導人就會鼓勵他們責任重大，而且這是一連串成功的開始，他們必須爲自己的成功負責，日後她們所做的許多事情也必定能產生正面的漣漪效應（ripple effects）。

這項研究也足以解釋爲什麼成功的怪傑奇才總是展現無比的自信和毅力。他們對自己的作爲深具信心，並且善於以伶俐的口才取得別人的認同。蘋果電腦創辦人之一（也是回鍋的執行總裁）賈伯斯就是以他專擅的「事實扭曲地帶」（reality distortion field）做到這點。熟知賈伯斯的人說道，他以近乎迷咒的方式說服周遭的人相信某個想法、專案或個人的成功是指日可待的。同樣地，法蘭西斯・福特・柯波拉（Francis Ford Coppola）利用把信念轉化成眞的本事，完成了像「教父」（The Godfather）的經典名作和成功經營 Niebaum-Coppola 葡萄酒廠，也有像在貝里斯（Belize）建立電視衛星中心這種大敗筆。柯波拉的說服力在拍攝「現代啓示錄」（Apocalypse Now）中展露無遺。有一次編劇約翰・米勒斯（John Milius）在現代啓示錄混亂衝突不斷的拍片現場和柯波拉會面。米勒斯對即將和柯波拉見面感到提心吊膽，因爲「我好像是個將軍，在一九四四年面見希特勒時告訴他已經沒有汽油了。」結果柯波拉逆轉情勢，並讓米勒斯「異常興奮」，他說現代啓示錄將會是第一部贏得諾貝爾獎的電影。柯波拉說兩人面會結束之前，米勒斯高呼，「我們一定會贏得這場戰爭！我們不需要汽油！」

即使一向批評和質疑賈伯斯和柯波拉不遺餘力的人也會被他們打動，相信他們是對的，成功指日可待。但骨子裡讓他們具有說服力的同樣一股衝勁，也讓他們對懷疑他們或從中作梗的人缺乏寬容、跋扈，甚至尖酸刻薄。吉歐菲瑞・巴拉德（Geoffrey Ballard）就是這麼一個典型的異類。他和其他巴拉德電力系統的同仁堅持了二十五年，終於開發一種證明比電池和內燃引擎更優越的電力來源——燃料電池。這種燃料電池發動的引擎不會產生有毒的廢棄物，只有純淨到可以喝的水。沒有耗時的充電程序，只需快速充塡壓縮氫氣。目前已經有幾十部巴士採用巴勒德的燃料電池驅動。戴姆勒—克萊斯勒（Daimler-Chrysler）和福特車廠最近投注大筆的金錢在BPS，而且克萊斯勒宣佈預計在二〇〇四年前出售裝配這種燃料電池的汽車（雖然他們以甲醇試車，比不上氫氣乾淨，但比汽油好多了。）

由於巴勒德堅信這種燃料電池的優越性，雖然研發過程的技術和財務問題層出不窮，但仍號召一群具有同樣技術、有毅力、肯奉獻的團隊投入這場漫長的研發行列。而巴勒德也因爲這股激發團隊成功研發燃料電池的堅定信念，在科學界被嘲諷爲怪人。他知道自己傲慢專橫、桀傲不遜，且對於那群無法接受他的觀念的「笨蛋」不假辭色。由於有這份自知之明，所以他雇請、教育和激勵一批人，尤其是大衛・麥可洛德（David McLeod），主動拿著燃料電池企劃案尋求加拿大政府的資金奧援。巴勒德知道自己樹敵無數，如果再親自出馬推銷這個點子，鐵定會製造另一批敵人。

巴勒德的構想正逐漸開花結果，BPS的高層主管正從中獲取豐厚的利潤，但也抱怨他過度銷售燃料電池爲公司惹了不少麻煩。BPS的首席財務長莫薩迪克·尤米達利（Mossadiq Umedaly）（巴勒德的頭號敵人之一），抱怨道，「燃料電池……已經談了好長一段時間，而最大的挑戰之一是技術並不穩定。坦白說，一點也不穩定！……因爲這群傻瓜一直在談燃料電池。巴勒德就是其中一個傻瓜。」我要補充的是，要不是有巴勒德這種「傻瓜」，人類歷史上就不會有什麼好點子。而且巴勒德電力系統也不可能在市場上募集數十億美元的資金。

前面提到發明沉沒潛艇逃生設備的莫森也有相同的毅力和不容批評的個性。有一群所謂的專家一開始就告訴莫森他的想法註定失敗。但他毫不氣餒，說服了一群技能知識更強的人共同開發測試莫森肺。稍後，他又以相同的決心——避開正常程序和官僚體制——發明了一種潛水鐘，可以用來營救當失事潛艇沉得太深，莫森肺發揮不了作用時陷困其中的船員。他和巴勒德一樣，在研發過程中剛愎自用、專橫傲慢而「得罪、惹惱許多人」。結果，潛水鐘的構想從蘊釀到研發計劃都是他一手策劃，甚至測試時還差點喪命，但大功告成之際，海軍還是以專案中另一位無足輕重的成員姓名爲潛水鐘命名——麥克肯逃生室（McCann Rescue Chamber）。一九三九年，這個逃生鐘營救出被困在海深二百四十七呎的美國角鯊號潛艇（U.S.S.Squalus）中的三十三官兵，這項行動被譽爲有史以來最偉大的潛艇救援行動。而奉海軍之命主持這次營救計劃的是莫森而不是麥克肯。

綜合上述，如果無從判斷新提案或構想的優劣，建議不妨從中挑選企圖心最強和最具說服力的怪才所提的案子。然而你也得當心，由於這些人固執、不服輸和拒絕妥協的個性，會造成管理上的困難和挫折感。如果你質疑他們做了哪些事和為什麼時，他們可能相應不理或頂撞、冒犯。也由於他們對懷疑和批評缺乏包容性，惡意批評的人都成了他的死對頭。

這個奇招還有其它的風險。一旦他們勾勒出具說服力的遠景，不管好壞，都會慫恿員工和公司在上頭投入大量資源。摩托羅拉能有今天的規模都得歸功於前任執行總裁和現任董事長鮑伯・葛拉文（Bob Galvin）。他以前瞻的眼光帶領公司脫離電視產業，全心全力發展微電腦處理器和其它電腦科技，因爲他堅信這些是未來成長的必經之路。他果然慧眼獨具。葛拉文以一流的口才，極力主張摩托羅拉應該提升產品品質以迎戰來自日本的競爭。當他堅持提撥員工基本薪資的百分之一點五作爲訓練經費以提高產品的製造技能時，許多員工都認爲葛拉文「瘋了」。結果又再次證明他是對的。摩托羅拉在一九八六到一九九一年之間共提撥二十億多美金，並且獲得地位崇高的美國國家品質獎（Malcolm Baldrige Quality Award）。

一九九〇年代中期，葛拉文以相同的信心和堅持認爲摩托羅拉應該投入大量的資源開發全球通訊的銥計劃。這是由小型衛星組成，能夠讓行動電話用戶從世界各地撥接電話的一個系統。由摩托羅拉分離出來名爲銥（Iridium）公司全力開發這項技術，整整工作了四百七十四天，並且財務損失慘重。原本預計二〇〇〇年前會有一百六十萬的用戶，結果不到三萬戶。銥公司於一九九九年八月宣告破產，並於二〇〇〇年三月結束這項服務。由於摩托羅拉的員工對葛拉文的決策深具信心，所以公司幾十年來一直保有創新的能力。然而，雖然葛拉文在漫長的任期中爲摩托羅拉和股東建立美好的江山，但過度樂觀也付出了慘痛代價：摩托羅拉在銥公司的投資損失達二十五億美元，而這家夭折的新興公司總共損失達五十億美元。我們這些局外人受到些微的波及，因爲摩托羅拉經營的衛星網運作中心（Satellite Network Operations Center）在未來幾年中，將把銥公司發射的八十八個衛星「脫離軌道」。專家預測這些體積龐大的衛星，部分穿透大氣層時無法完全燃燒，到時候就會成爲太空垃圾墜毀到地球上。

至少摩托羅拉還懂得及時煞車，沒把錢繼續浪費在銥計劃。有些人執迷不悟，儘管眼前的證據顯示這是失敗無疑的想法，卻不願抽腿。工程師保羅．莫勒（Paul Moeller）過去三十二年把一生的金錢和時間都投注在研發天空汽車（Skycar）。這種飛行車「理論上可以垂直升空，飛越屋頂，穿過小山、丘陵和阻塞的車流。」莫勒堅定不移的信心和熱情爲他爭取到數百萬美元的投資金額，同時也把自己數百萬美元的家當全部投入這個計劃。莫勒曾把一家叫Supertrapp的公司經營得有聲有色，這家公司專門替機車修理廠商生產消音器，年營業額達五百萬美元。他把公司賣掉後又把錢砸在天空汽車計劃，他解釋說，「我做的每件事，除了爲這部飛行車外，就是替這車籌措資金。」

莫勒剛剛宣稱一部可供運轉的原型車（雖然他的測試日期一再延後）即將大功告成，並接受一百個人共五千美元的捐款。但他也承認，就算這部原型車測試成功，天空汽車正式生產以前至少還需要四千五百萬美元，但這筆錢還沒有任何著落。莫勒的毅力讓人感動難忘，但天空汽車三十二年來已經成爲錢坑，而且在可見的未來也沒有成功的跡象。這就是有說服力和過度自信的領導人及投資者常犯的毛病：雖然點子成功的機會渺茫，但還是鼓起三寸不爛之舌說服一群人——包括自己——浪費大量的時間和精力。

這種奇招還有件麻煩事。因爲這彷彿表示自欺欺人的手法可以激發創意。我曾說過，領導人在挑選一個不被看好的員工或專案後，這時對加速創新所能做的就是表達看好其成功的機率。而當員工挫折時，最好安慰他們失敗是暫時的，只要不停嘗試就會成功。這種樂觀的態度經常受到讚美和美化，誠如約翰・卡德耐（John Gardner）所言，「領導人主要的作用就是維持希望。」但維持希望也可能意味自欺欺人，慫恿一些樂觀主義者和忠貞的信徒加入一條註定失敗的不歸路。

期求創新的領導人經常面臨兩難的局面。他們可以明白告訴員工某項工作的失敗機率很高，如此將促使惡夢成眞，對公司和該員工產生不利的後果。或者也可以欺騙專案的員工相信成功近在眼前而降低（雖然還是很高）失敗的機率，但卻讓專案成本有無限增加的風險。我並不是鼓吹領導人爲了激發創意可以不擇手段向員工說謊。雖然說謊不可取，但創意工作的風險也是免不了的事實。如果欺瞞有助於降低這類風險，協助專案的完成，偶一爲之也不是什麼壞事。事實上，衛道人士和哲學家對於這類進退兩難的局面，就曾經說過，有時候說謊比不說一句假話的實話更道德。

奇招第七式：支持有風險的專案，然後告訴所有人成功指日可待

- 支持一些怪傑奇才和夢想家，尤其是那些對自己的想法樂觀得無可救藥的人。
- 一旦決定支持某個有風險的專案，就要說服自己成功指日可待。如果做不到，就換個更樂觀的人接手。
- 雇用一些對專案或公司的成功真正樂觀，並且善於灌輸別人這種希望的員工。
- 樂觀並不代表漠視或不把挫折看在眼裡；而是把挫折看成暫時的，可以從中獲取寶貴經驗，並作為成功的踏腳石。
- 一旦想法失敗，應該壯士斷腕立刻「拔掉插頭」，不要執迷於降低失敗率。

11

奇招第八式

想出一些荒謬和不切實際的事情，然後規劃執行

約有百分之四十的寵物被關進狗屋後就會患有孤獨憂慮症。

現在別擔心：

當你回家後可以播放三片一套二十美元的寵物音樂，

當中包括「公園裡的星期天」、

「天籟之音」和「恬靜遊樂園」，

狗兒聽了以後一定會變得安靜——

而且可以防止傢俱成爲寵物幽閉恐懼後的出氣筒。

長莖「死亡黑色玫瑰」一打。品質和「死亡玫瑰」相同，但噴上「黑色」以加強效果。裝在配有「死亡綠色」草飾及襯墊的長形玫瑰盒，直接送到收貨人的家中或（建議）辦公室。售價：五十五美元。

——由復仇無限(Revenge Unlimited)所出售廣受歡迎的產品。該公司的廣告詞是，「你曾被錯怪、被虐待、被騷擾或被忽視嗎？你準備好報復了嗎？」

當馬西（Marcy）說準備尋找其它行星時，每個人面面相覷，以爲是句玩笑話。

——傑弗里·馬西（Geoffrey Marcy）尋找（最後終於發現）環繞遙遠恆星的行星時，其他天文學家的反應。

「你瘋了！」「理察，你是個不折不扣的自大狂。」「你得賣幾張〔維京唱片〕(Virgin Records)登上排行榜的唱片才能開一家航空公司。」

——當理察·布蘭森(Richard Branson)提議設立維京大西洋航空公司(Virgin Atlantic Airways）時，他的朋友、投資人和其他專家紛紛對他提出警告。

大家都認爲是愚不可及的想法其實是最保險的……創新的經營模式尤其如此。因爲大家都認爲他們笨，不屑抄襲。

——比爾·葛羅斯（Bill Gross），點子實驗室（idealab! 扶植新興企業的創投公司）的創辦人兼執行總裁如果公司要有創意，幹傻事可能反倒是聰明的作法。絞盡腦汁想出最愚蠢、最荒謬和最不切實際的事情，是探索自己想像中的世界的最好方式。藉此挖掘出潛藏在內心深處卻難以言喻的想法，這些原本就存在的想法或許就因爲太熟悉反而被忽略了。同時，這也可以讓你看看自以爲了不起的想法，一旦落實竟然是大錯特錯的模樣。當你天馬行空想出最荒謬的事時——然後想想爲什麼要做——可以擴大選擇的空間。這個奇招有效！因爲它激發不斷創新的兩股最重要的力量：差異化和「識相曾似」(Vu ja de)。

這個怪招的靈感來自Homestead的執行總裁和創辦人凱奇，Homestead是一家成功的網路公司，一向標榜「打造免費網站的捷徑」(The easiest way to build a free Web Site)。凱奇自史丹福大學畢業後，即加入微軟公司一個開發兒童教學軟體的團隊。有一天，他主持一場腦力激盪會議，題目是「我們會設計出什麼樣最爛的產品？」他想以逆向思考的方式找出最好的產品。「先想想最糟的特性是什麼。我們能做哪種最沒有教育性的東西？」結果是「一個會說話的娃娃叫做邦尼1、2、3 (Barney 1, 2, 3)。這個邦尼娃娃除了會講話還會教算數。我至今仍保有設計的草樣。當初告訴老闆這個構想時，完全也只是當句玩笑話。」

讓凱奇大吃一驚的是，微軟竟在幾年後推出一個幾乎一模一樣的產品。他說，「簡直難以置信。他們竟然照我們想出最爛的產品依樣畫葫蘆。」凱奇似乎很有把握地認爲，「我的團隊所想出來的咯咯笑邦尼應該和最後的成品完全無關。」雖然他不願爲微軟的互動玩伴邦尼(ActiMates Interactive Barney)居功——或被責備，但我認爲他掌握任何想把創意融入生活的公司都該做的事。

我們經常忽略、害怕嘗試一些「愚蠢」或「明顯」的假設。莫森肺就是個最明顯的例子。莫森肺發明之後，各方紛紛尋找比莫森肺更優異的潛艇逃生技術，最後竟然發現——完全不需要任何技術！莫森肺的發明拯救許多人命，但二次大戰困在沉沒潛艇中的官兵中只有百分之五大難不死，而潛艇官兵因莫森肺而活命的文獻記錄只有五件。經研究後發現，從水深三百呎以上潛艇逃生最有效的方式是自由上升——人體的肺充氣之後，緩緩吐氣逐漸浮出水面。因爲壓力上升時，肺部的空氣逐漸膨脹，所以不會缺氧。壓力會隨著身體上升而逐漸釋放。所以就可以避免肺在高壓下產生的「潛水夫病」。莫森以及數千名喪生在沉沒潛艇中的官兵都認爲不靠科技設備是不可能逃生的。如今回想，當初陷在水深不到三百呎潛艇的官兵，如果能讓身體上昇時緩慢吐氣，逐漸浮出水面，就可以挽回幾條性命。所以，美國歷史上最大膽和最有毅力的其中一位發明家，如果肯思考、測試一連串荒謬和不切實際的方法解決手邊的問題，說不定就有更好的點子。

腦力激盪雖然是公司產生荒唐點子的方法之一，卻同時也是激盪出創新觀念最最有效的方法之一。就我所知，腦力激盪會議是唯一要求員工胡思亂想的場合，至少公認的規則是如此。廣告大師亞力士·奧斯柏恩（Alex Osborn）在他一九五〇年代的暢銷書《發揮想像力》（*Applied Imagination*）中極力推崇腦力激盪。奧斯柏恩相信，「除非腦力激盪會議的與會人士能瞭解並恪遵某些規則，否則這種會議將一事無成。」他列舉幾項腦力激盪會議的基本原則：⑴禁止批評⑵歡迎胡思亂想（「點子越瘋狂越好。」）⑶重量不重質；和⑷尋求重組和改進。

腦力激盪雖然不是萬靈丹，但團體若能遵守這些規則，則新奇點子的產量將遠比只是奉命「想些點子」的團體多，尤其當會議是由經驗老到的主導人所主持。許多公司利用動腦會議激發創意，蘋果電腦和全錄的PARC用來發展新產品的點子，Reactivity 公司用來設立更好的網路公司，麥肯－艾力森（McCann-Erickson）和 e-Bay 用來激盪更精彩的廣告活動，菲利斯貝瑞．溫索普（Pillsbury Winthrop）法律事務所則用來尋找公司的新策略。

雖然腦力激盪是產生妙點子的利器，但一般人擔心自己的想法太瘋狂，或所提建議與公司慣有的想法和作法南轅北轍而猶豫不決，不敢說出心中眞正的想法。就像第一章所提，一般人的潛意識會自然而然地排斥陌生或違背既有觀念的事情。即使腦力激盪規則明訂不可立下斷語，大家還是會自我壓抑，因爲有些人提的點子反應冷淡，有些人的建議則獲得熱烈迴響：「哇！眞棒的點子。」而當其他人繼續對某個點子發揮討論時，原提案人就會被視爲特別有「聰明」點子的人。結果，腦力激盪成爲彼此較勁、出風頭的場合。表面上，會議看起來趣味橫生，甚至熱鬧滾滾，但結果仍是勝利者贏得同僚的敬重，而失敗者一無所有。有些公司把腦力激盪會議當成工作的一部分，但與會人士還是有充分的理由擔心說出一些傻話（或完全不發言）會壞了名聲。

前面提到 Handspring 產品設計的主管史基爾曼對主持腦力激盪會議很有一套。Handspring 是使用 Palm 作業系統的個人數位助理 Visor 的製造商。史基爾曼要求每一個人發言，提出荒謬的想法以化解這種自我壓抑的壓力。他告訴大家，「光是暫緩評論還不夠，熱情擁抱愚蠢更重要。」凱奇的作法更直截了當，要求每人列出所能想到最糟的點子。

不管如何進行動腦會議，目的就是要同仁列舉自認最具破壞性、悖於常理、愚蠢或妄想的產品、服務、經營模式或商業行爲。爲什麼公司要成爲創意溫床就要做些傻事，有三大理由。

釐清何事該做

這套方法可以釐清公司該做的事，或至少是員工認爲該做的事。當我們先逐一列出員工認爲是錯誤或有違常理的想法，然後再逆向思考，如此一來，員工就會有不同的思維，而不是死板板的以慣有的想法、理論和證據提出公司應有的作法。這種不同的觀點有助於釐清之前普遍存在卻從未表明的想法，而且員工也會注意原本自以爲是的想法和實際作爲之間的差距。這也是凱奇在「邦尼腦力激盪」中採用這種作法的原因。他認爲列出產品最不想要的各種特性後，再逆向思考加以修正，就可以找出一套完整有用的設計原則，這比按照一般腦力激盪會議要求產生妙點子的效果更好。

我也在我的顧問工作裡採用類似的手法。幾年前我擔任一家新成立之專業服務公司的顧問，爲了幫助他們思考心目中公司未來的模樣，請他們逐一列舉主要競爭對手最糟的特性。

這些最不想要——但常見——的特性包括只賣簡報內容給客戶而不是協助落實想法、主要依靠資淺而年輕的顧問來完成大部分的工作、需要長時間和勞累的出差以及一套少數幾位顧問卻瓜分巨額利潤的「明星制度」。經由這些檢驗，他們發現公司現有若干作法竟在最不想要的名單中，特別是勞累的出差和長期的工作，而原本準備放棄的作法，卻是成功的關鍵（例如一套不會產生超級巨星的給薪制度）。一位資深主管評論說，這次的檢驗讓他們知道，成功來自於和對手的差異化，而他們——不知不覺——差一點採用和對手同質化的作法。公司於是決定應該加強而不是縮小和對手之間的差異。

你可以進一步要求員工有時候試試蠢點子。這有點類似一些寫作老師教導學生如何分辨寫作技巧的優劣以提升作文能力。約翰・華浩斯（John Vorhaus）在十七個國家教導寫作，對象從小說家到電視劇編劇都有。他請學生先寫篇爛文章，例如，儘量寫些「標點符號錯誤」、「又臭又長」的句子，以及「文不對題」、「引喻失當」和「長篇累牘」的文章。華浩斯說讓大家從寫爛文章學習到比什麼都不寫還要多的東西，而這種「伸展運動」可以幫助大家判別文章的好壞，寫出更優美的散文。

我的管理課也採用類似作法。我請一位志願者在課堂上模擬面試、談判和腦力激盪會議，並且儘量表現得很差勁。在一場主管教育訓練課堂上，有位經理人在模擬的腦力激盪會議上故意對每個點子找碴，「太貴了，」「行不通」或「我們早就試過了，結果很慘。」然後再討論這種不斷地批評不對的地方——也可能對——以及理由何在。這雖然是故意設計的行爲，但仍具有啓發性，至少反應出自己公司常見的不良習慣。例如，那位經理人在課堂上就告訴大家，這種破壞性的腦力激盪手法「不完全是捏造的。我的老闆在他所謂腦力激盪會議上的言行就是這樣。」大家經由模擬測試看到別人（和自己）的表現，於是開始深思自己該做和不該做的事。

許多公司缺乏創新能力的原因不在於領導人忽略創新的重要性，而是不能根據自己的認知行事。在我和菲佛所著的《知行之間》（*The Knowing-Doing Gap*）一書中提到，經理人、團隊和企業所做的事情往往和自己所認知的工作規範或經營模式背道而馳。本奇招可以幫助大家站在有利的角度，看淸自己做對哪些事，無意間又犯了哪些錯，以及在邁步向前時應該有哪些與眾不同的作法。

挑戰理所當然的假設

第二個理由幾乎和第一個完全相反：不是澄淸而是質疑公司現有的知識和作法。首先，找出公司所能做的最荒謬、愚蠢或最不切實際的事。然後，假裝這些都是聰明和有利可圖的事，再努力想想爲什麼這些最極端的想法可能大錯特錯的理由。這幾乎就是凱奇在微軟的邦尼腦力激盪會議的作法。他的團隊當初只欠缺臨門一腳，就是把原本以爲是錯的想法假裝成正確的。

或許這是微軟公司內部的普遍作法。不管如何，互動玩伴邦尼的確是微軟公司做對的一件事。這個「你可以抱著的互動玩具」總共銷售幾—萬件，微軟公司聲稱比預估的好上百分之二十，算是不錯的成績。而且，這個玩具獲得各種消費者刊物的讚譽。一群孩童票選互動玩伴爲《迪士尼家庭娛樂》（*Disney's Family Fun*）雜誌的年度最佳玩具，《消費者報導》（*Consumer Reports*）稱之爲一九九七年「熱賣商品」，《父母親》（*Parents*）雜誌則將其列入一九九七年的年度玩具。連麻省理工學院內由企業贊助的知名媒體實驗室（Media Lab）的教授布魯斯．布朗柏格（Bruce Blumberg）也稱讚說，「我感覺互動邦尼踏出有趣的第一步。」他又讚美微軟發展這套技術「完全正確」，因爲「現在值得花錢投資主導產品的市場規格。」邦尼玩偶後來功成身退，但微軟公司按照布朗柏格的預期推出新型的會說話的亞瑟（Arthur）和電視寶寶（Teletubby）玩偶。所以，姑且不論這項創意是否來自凱奇的手法，但從他當初不屑的邦尼玩偶成功的故事顯示，如果有心運用這套技巧，很可能產生與既定教條相違背卻有利可圖的妙點子。

《富比士》（*Forbes*）雜誌有篇名爲「笨蛋和大笨蛋」（Dumb and Dumber）的文章，列出「一九九九年企業界最爛的點子」，從文章內容可以更進一步證實這招的妙用。文中列出的點子包括爲寂寞寵物製作的音樂‧，利用海地的巫教邪術防止電腦被入侵的「奈特王伽神奇袋」（Netwanga magic bag）‧，還用一種叫臨終遺言（Finalthoughts. com）的網路公司，提供有人過世時，代爲傳送臨終遺言給心愛的人的服務‧，還有報復無限公司，這是幫你送些枯玫瑰、腐爛的魚和溶化了的巧克力給你的死對頭作爲報復手段。這些「愚蠢」的點子特別有趣，其中有幾項還創造利潤不錯的商機。記者羅勃・惠利（Rob Wherry）寫道：

約有百分之四十的寵物被關進狗屋後就會患有孤獨憂慮症。現在別擔心：當你回家後可以播放三片一套二十美元的寵物音樂(Pet Music)，當中包括「公園裡的星期天」、「天籟之音」和「恬靜遊樂園」，狗兒聽了以後一定會變得安靜——而且可以防止傢俱成爲寵物幽閉恐懼後的出氣筒。我們聽了不過會心一笑，誰會買呢？根據誘惑（Incentive）公司合夥人安德魯・波利斯洛（Andrew Borislow）表示，自夏天以來已經有五萬個人訂購。

還有比販賣「寵物搖滾樂」（Pet Rock）更愚蠢的點子嗎？或許這不是最愚蠢的點子，因爲這是史上最成功的流行風之一。寵物搖滾樂附贈《訓練手冊》(*Pet Rock Training Manual*)，「教導你如何循序漸進的和寵物建立愉快的關係」。寵物搖滾樂在幾週內售出一百多萬套，每套售價美金三・九五元。

心理學家的研究顯示，有兩項正當的理由足以說明爲什麼產生所謂愚蠢和不切實際的想法（然後想像這是聰明的想法）有其實際的用處：鼓勵大家挑戰既有的規則和逆向思考。如前所述，一般人做的都是「無意識的行爲」，也就是按理所當然的假設行事，根本沒有用心思考自己的行爲。心理學家艾倫・朗格（Ellen Langer）的研究顯示，「一般人往往無意間掉入前人用心創造的窠臼。」當一個人做事心不在焉，他們甚至搞不清楚自己的所作所爲究竟是建設性還是破壞性。如果大家先列出習以爲常的假設和信念，然後逆向思考，將會強迫自己用心思考這種埋藏在公司集體潛意識的想法，從而發覺這些無意識行爲的缺點。

這套手法同時也能克服人類排斥不熟悉事物的天性，妙用無窮。一般人一旦注意到某件事，將不由自主地根據對其正反面的情緒反應去評估打量一番。這種不假思索的判斷可能阻礙創新，因爲多數人對新鮮事物大都持負面的看法。第一章即指出，許多研究「曝光效果」的團體均表示，雖然大家口裡不承認，但實際上心中常不自覺地對「不熟悉的刺激」持負面的反應。雖然創意專家不斷呼籲，在創意形成階段千萬不要立下斷言，以免摧殘新生滋長的想法，但人性如此，要改變比登天還難。本奇招的作用就在於強迫員工列出自己不熟悉和奇怪的點子，擺在一旁，以備日後採用。而且說不定有些人會認爲這些想法一點也不足爲奇進而採用。

另外還有兩種挑戰團體根深蒂固觀念的手法。第一招是指派一個或幾個人故意雞蛋裡挑骨頭或唱反調：專挑團體內的假設、信念、事實和決策上的毛病。第二招更激進，叫做「辯證質詢」（Dialectical inquiry）（和我本文的建議很接近）。在辯證質詢中，被指派的批評者不只挑戰團體的信念和假設，還發展出另一套不同（和合理）的假設。大家便可根據新的假設提出不同，甚至完全相反的看法。

團體可以利用這種方式作出更明智的決定，包括規劃公司更具創意的決策。尤其，利用唱反調和辯證質詢的方式可以避免艾文．詹尼士（Irving Janis）所謂的集體思考症候群，也就是團體成員會彼此施壓，讓大家表達相同的意見，並且「對於可能造成成員對若干假設重新思考的危機或訊息都隱而不宣。」詹尼士同時建議，若要發揮這種手法的最大功效，每一次最少要指派兩名團員擔任「反派」角色，而且由每個人輪流擔任。否則，大家會對這些「找碴先生」投以異樣的眼光，認爲他們就是凡事往壞處想的「問題人物」，才會擔任這種任務。到時這些異議份子——雖然善盡職責——就會走上社會異議人士常見的命運——因爲質疑公認的智慧而被羞辱和排擠。

相同的手法也可用在指出產業中特別愚蠢的假設、商業慣例、經營模式或產品，而不限於公司內部。或許這樣一來，同事就比較不會有威脅感，因爲矛頭不是直接指向他們奉爲圭臬的觀念和假設，但公司還是可以因爲「識相曾似」(以不同角度看待相同的事物) 而受益無窮。西南航空公司成功的原因之一在於察覺其它航空公司搞錯了競爭對手；西南航空公司認爲在許多市場，陸上交通才是頭號勁敵，而不是其它的航空公司。

發展其它公司無法抄襲的點子——至少在短時間之內

沒有競爭可能是這套技巧的最大優點。正如本章一開頭葛羅斯所說的，如果提出一個和產業傳統觀念完全相反、而且還是個好點子的話，將能拋開對手，搶佔先機。因爲對手認爲抄襲你的手法無異自尋死路。Palm Pilot 今天在電腦界享有領先的優勢就是一個的明證。Palm 掌上型電腦今天成爲史上最暢銷之電子商品的原因之一，在於問世之初，業界普遍看壞這類產品，認爲註定失敗。因爲一些像蘋果和微軟這類擁有全球最優秀工程師的大廠都無法成功開發掌上型電腦。所以當執行總裁霍金斯和總裁朵娜．杜賓斯基（Donna Dubinsky）尋求資金奧援時，每個創投家都擔心錢砸到這個蠢點子將血本無歸，而當面回絕。一位創投家說，「拜託！別再搞什麼筆觸型電腦了。投資人在這失敗的玩意上已經虧得夠慘了。」但最後證明，眾人這種懷疑的眼光和缺乏競爭性，竟是一種莫大的優勢。因爲主要的競爭者都不相信 Palm Pilot 能夠成功，等到 Palm Pilot 成爲熱門商品時，Palm Pilot 和它的作業系統已經成爲業界公認的標準規格。

另一個證明是馬西（Geoffrey Marcy）的故事。馬西是研究其它恆星可能有行星環繞的先驅。當他告訴其他天文學家準備做這方面的研究時，大家都以爲他是開玩笑。馬西認爲其它遙遠的恆星可能有的行星環繞，是基於兩個被其他天文學家認爲謬誤的假設。第一，從遙遠恆星觀測到的輕微晃動（wobble），是由恆星周圍大型行星的重力所造成的。因爲這種晃動非常細微，而和木星一樣大小的行星會造成該恆星的光波有規律地以千萬分之一的星等（星體光度）變長和壓縮。第二個需要成立的假設（至少在研究之初是如此）是這種巨大的行星至少有木星的五倍大。因爲即使採用最高倍的望遠鏡，這些行星必須有這種大小才足以觀測到所屬恆星周遭的輕微晃動。這些假設——和可以從地球觀測到這些行星的觀念——都被視爲無稽之談（尤其在美國境內），以至於當他申請區區二、三萬美金的大學部研究助理經費補助時，都不敢承認是在尋找行星，而假借名義爲「尋找棕矮星，一種大小不足以成爲恆星，但又比行星大的星球。」

馬西所研究的題材被視爲一椿笑話，而他那被認爲荒謬和不切實際的假設，最後竟成爲他莫大的優勢。他在美國幾乎沒有競爭者，尤其是在研究的初期。所以當他（和歐洲的）天文學家發現證據顯示這些巨大的行星的確存在而且可以偵測得到時，從此名聲大噪，從天文學界名不見經傳的學者，一躍而爲聲譽斐然的大師。他不但因此成爲媒體的名人，也獲得加州柏克萊大學的教職。這項發現也徹底改變美國太空總署發展的太空探測計劃，並且預測在十年內將會發現第一個和地球類似的「藍水」(blue water) 星球。馬西的成功還有其它原因，包括不受其他科學家的影響，以及一群不知道自己正在從事不可能任務的年輕助理。但是當事實呈現之後，證明沒有競爭者對馬西和他的團隊的確是很大的優勢。

保護「另類」思考的員工

本章——事實也是整本書——大部分都是假設新觀念是由公司、業界和社會視爲異類的人所提出的。蘋果電腦簡單明瞭的口號「另類思考」(Think Different) 也是基於同樣的精神。(遺憾的是，所謂另類的思考和行爲對多數公司只是光說不練的口號，一旦員工眞的有不同的思考和行爲，反而會被排擠、羞辱甚或開除。) 如果眞希望鼓勵員工發展看起來愚蠢和匪夷所思的怪點子，我還有一個忠告：對同仁所提怪異的想法，嚴禁即便是無心的嘲弄和輕蔑。

之前提過，幽默和玩笑可能是件好事，但也有傷人的一面。針對幽默的研究顯示，當我們在開玩笑和揶揄時，彼此的相處會比「嚴肅」的時刻更尖酸和容易動怒。員工因爲「另類」而被嘲弄和揶諷就是一個好例子。這不但可能刺傷別人的心靈和打擊士氣，也會讓原本有勇氣嘗試新鮮事物的員工從此退避三舍。

一些嘲諷和玩笑話表面上無傷大雅，卻有很大的殺傷力。葛登・麥肯錫（Gordon MacKenzie）就有一個活生生的例子。麥肯錫開設創意研習班，爲一些大企業開班授徒。他在賀軒卡片公司（Hallmark Cards）任職期間博得創意矛盾先生（Creative Paradox）的封號。麥肯錫在賀軒公司開設研習班時，請一位「害羞但有上進心」的女士畫出她心中對於自己、任職的資訊系統管理部門和賀軒公司的感受。結果同事以一陣「嘻笑怒罵的嘲諷」回應她拙劣的繪畫技巧。她很快地從「求好心切」轉變成「心靈受傷」的樣子；她接著「對自己的繪畫做出道歉後，低著頭，快步地走回座位。」麥肯錫對這群人的行爲正色道：

> 嘲諷是羞愧的假象……我想當你們嘲諷這位女士時，潛意識是想讓她難堪——爲的是想讓她一開始時就停止冒險。你們爲什麼有這種舉措？因爲我們不願意向別人或自己承認我們想要阻止成長，我們以嘲諷來掩飾自己的羞愧——「全都以捉弄的心理來掩飾」。

麥肯錫可謂針針見血。雖然出口嘲弄的人可能是無心之過，但即使無傷大雅的嘲諷、玩笑和揶揄都可能讓員工從此視另類思考和另類行爲爲畏途。如果你希望員工提出愚蠢和不切實際的點子（日後可能創造公司的歡笑和財富），應該鼓勵他們或嘗試讓自己也提出更可笑的點子。下回如果聽到有人嘲諷提出天馬行空或愚蠢點子的人時，請出面制止。而且要知道，只要你和公司其他人嘲諷別人的怪點子，即使是輕描淡寫的，這些有創意的員工可能就此隱藏自己所知的一切。他們只會當個隨聲附和的應聲蟲，至少暫時如此，直到他們爲你的競爭對手賣命或自行創業時。

奇招第八式：思考並從事荒謬和不切實際的事情

- 動腦列出一些異想天開的傻事，然後逆向思考，談談這些事情該做或不該做的原因。
- 動腦列出一些荒謬和不切實際的工作清單，然後盡量想出理由說明為什麼這些是非做不可的明智決定。
- 提醒員工將一些假設視為理所當然的危險性。回想一下，以前有多少被公司和其它企業視為荒謬的想法，但現在卻成為普通常識。
- 想像公司在現有的模樣下，未來可能有哪幾種截然不同的方向。
- 指出競爭對手正在做（或曾經做過）的一些最明智的事，並且說明為什麼你的公司不應該模仿。
- 指出其它產業正在做（或曾經做過）的一些最荒謬的事，並且說明為什麼你的公司應該模仿。

- 利用故意唱反調和辯證質詢法：指派員工挑戰團體的假設和決定，然後找理論證明相反的假設和決定實際上更好。
- 當員工提出荒謬和不切實際的想法時，絕不允許即便是（看起來）無心的嘲弄和羞辱的言語出現。

12
奇招第九式

對於客戶、批評者和滿口生意經的錢迷要避而遠之、讓其分心或自討沒趣

「他緊盯著每個人的工作，
並提供一些自以爲是的忠告。
他告訴大家這是惠普科技的行事風格，
是所謂 MBWA『走動式管理』(Managing by wandering around)。
但他實在應該留在自己的辦公室內。」
然而，這則故事有個圓滿的結局，
因爲高層主管不斷接到抱怨抗議，
這位主管後來被調到另一個更能發揮他技能的職務。

我不能問客户要什麼。因爲他們還没有出生。

——全錄PARC的一位工程師

當你在土壤埋下一顆種子後，總不會每個星期挖出來看看生長的情形。

——威廉・柯恩，3M公司前研究發展部的資深副總裁

我知道他的想法一定會被新力公司總部（Sony Headquarters）棄如蔽屣……於是我帶著久麥良木健和其他九位工作成員到新力音樂（Sony Music），並清理新力 Epic 公司（Epic Sony）位於青山（Aoyama）的辦公室，營造一個可供久麥良木健的團隊和軟體人員專心發展 CD-ROM 的環境。雖然有人向新力公司抱怨這件事，我還是執意如此。我可以信心十足的説，新力PS電視遊樂器主機（Sony PlayStation）能有今天風光局面，就是因爲把天才久麥良木健調離新力總部。

——大賀典雄（Norio Ohga），新力前總裁（現任社長）

莎士比亞（Shakespeare）說過，世界是座舞台。但如果你希望公司在仰慕的觀眾面前呈現精湛的演技，有些員工必須遠離舞台的聚光燈，從事後台的工作和製作新穎的道具。本章主旨在說明公司如何以及爲什麼要出怪招避免創意工作曝光，尤其避免在不對的時機招惹到那些不好的客戶、批評者和唯利是圖的人。

創意人要對外力介入避而遠之的觀念其來有自。人類和螞蟻、蟑螂、雞、馬、老鼠和猴

子有個共通的天性：研究顯示，當有外人在場時，我們對舊事物較能從容以對，而對新事物又往往顯得手忙腳亂。相對於獨自工作時，當周遭有「同類同伴」，我們對熟悉的事物會做得又快又好，但學習新事物則反應較慢而且表現較差。自然界也有相似之處：有項關於蟑螂的實驗，在經過三階段的學習試驗，結果發現，獨處的蟑螂走完E型迷宮平均約需二分鐘，兩隻一組的則需六分鐘，而三隻一組的得花上九分鐘。這種所謂觀眾效應（audience effect）或社會助長效應（social-facilitation effect）發生的原因之一在於不管人類或動物，只要周遭有同伴在場就會助長生理激發（physiological arousal），讓人精力充沛。但這種能量只限於熟悉的行為，對於新鮮或較不熟悉的行為則較為逃避。

就人類而言，旁人的注視和聲音都可能引起一種隧道視覺（tunnel vision），也就是因為擔心失敗並且希望留給別人深刻的印象，所以會將亢奮的精力投注在自己最擅長的項目。員工在評審和老闆這類「裁判人員」面前，都會對嘗試新鮮事特別顯得踟躕不前，這樣做也只是為了保住自己的顏面。由於這種希望留給別人好印象的企圖心，導致員工死守現成可靠的方法，因為這樣做比起那些新的或未經驗證的方法可要妥當多了。即使可靠的方法失敗了，還可以藉口說「這種標準作法一向都運作良好」。最後，當煩人的客戶、老闆、同事或記者不停的干擾詢問最新的表現或要求進一步說明時，或純粹只是好奇心使然，都會讓工作進度趨緩。老是被糾纏的員工或許就此專注在例行公事，因為實在挪不出時間從事（曠日廢時的）創新工作。

多數「觀眾效應」的研究是針對個人，但針對動腦團體的試驗和個案研究也顯示，不管是特別來賓或不速之客的駕臨都會阻礙團體和組織的創新，尤其那些格外愛管閒事、讓人分神和好發議論的人。有個知名的例子可以說明獨處創新的好處。崔西・吉德（Tracy Kidder）普立茲獎（Pulitzer Prize）的得獎著作《新機器的靈魂》（*The Soul of a New Machine*）描述一群離群索居住在簡陋地下辦公室的工程師。吉德指出，由於遺世獨立，沒有旁人的干擾，讓這群「老鷹」小組（Eagle Team）的「電腦小子」替得吉電腦公司（Data General）設計更好更快的新型微電腦。一九七八年，本田汽車的總經理河島喜好（Kiyoshi Kawashima）因爲擔心公司的資深經理人抓不住年輕人對車款的口味而喪失商機，於是挑選一批年輕的員工(平均年齡二十七歲）負責設計能吸引年輕消費者的新車，並保證資深經理們絕對不會干涉該團隊的運作。於是誕生了本田汽車的暢銷車種 Honda City。

設計蘋果電腦第一部麥金塔電腦（Macintosh Computer）的團隊也是和其他人隔離住在另一棟大樓裡。然而，不像住在地下室那麼寒傖，這棟大樓的大廳有部大鋼琴，而且工作成員每周還可以在上班期間享受兩次的按摩。該團隊的領導人，也是蘋果電腦公司創辦人之一的賈伯斯，刻意讓這群人避開外界的干擾和評論，尤其避開蘋果電腦其他的工程師和經理。而離群索居從事創意工作最著名的團隊可能要算是發明第一顆原子彈的科學家了。這個「曼哈頓計劃」是安排在新墨西哥州的洛斯阿拉摩斯（Los Alamos）暗中進行的，表面理由是「爲隔離一群愛說話且難以捉摸的科學團體」。隔離的結果不僅維持了計劃的隱密性，而且正因爲該團隊不受外界的干擾和分心，儘管技術的困難度極高，他們還是能在極短的時間內製造出第一個原子彈。

有時候向外界公開創新工作，就算出於善意，不免還是有些風險。華勒斯鋼管公司(Wallace Pipe Company) 的下場可以作爲例證。華勒斯公司於一九八〇年代末期開發並推動許多製造和銷售流程上的創新手法，由於創意十足而在一九九〇年成爲第一家榮獲得美國國家品質獎殊榮的小型製造業公司。獲獎後，其它公司的經理人紛紛前來「學習標竿」(benchmarking)。從此以後，公司的主管忙於四處開會演說，並接受絡繹不絕的記者採訪。這些恭維奉承的外務間接造成公司的破產。一位併購華勒斯公司的高級主管說道：

> 獲得美國國家品質獎後，雖然没有明文規定，但到處演說散播福音似乎成了義務。公司的重要人士得擱下手中的工作到處演說散佈福音。同時也得開放公司的系統和流程給慕名而來的人參觀。這無可厚非，但如果公司還在生存邊緣爭扎，那就可能演變成財務問題進而無法遂行在商言商的原始初衷。

種種例子都說明，希望員工、團隊和公司保持創造力，有時候要避開好管閒事、放言高論和不請自來的局外人——或是任何有趣到足以讓他們無法專心於工作的人。有些經理人或投資者基於善意而強調密切監督與例行性說明，這可能在無形中扼殺了創意。因爲如此一來，人們會追求短期內能立竿見影的事，而不是有利長期發展的事。另一個問題就是不相干的干擾，不管是好是壞都會浪費創新工作所需的寶貴時間和資源。

當然，我無意讓各位產生誤解，以爲要創新最好都是獨自埋頭苦幹，這不但過度簡化問題，而且大錯特錯。員工和團隊在創新過程中的許多節骨眼上絕對需要局外人的幫住。例如，他們需要聘請各種人才引進新觀念，也需要和外界溝通學習新的技術、服務和營運模式。當公司或團隊沉緬於過去時，更需要外來的刺激。而且，如果沒有資深主管、權威的批評家和消費者的支持，多數的企劃案註定要失敗。話雖如此，當員工或團隊有心學習新事物以及想像、發展和測試一些尚未成熟但有希望的點子時，這時候外界的介入最具殺傷力。如果你希望一個前景看好的想法不被摧殘或淪爲原始構想的蹩腳複製品，就要千萬當心，別把創意工作洩露給三種人：不好的客戶、不適任的主管和唯利是圖的錢迷。而如果你是經常（無意間）潑創意冷水的局外人，又該怎麼辦？

不好的客戶或出現時機不對的好客戶

創意人對於使用公司現有產品或服務的客戶與消費者的意見，以及對市場推廣與行銷部門同事的看法都要特別謹慎小心。尤其當市場調查人員希望在新點子發展的每一個環節都先測試客戶的反應時，應當特別注意。第一章所介紹「曝光效果」的研究顯示，當人們被問起想要什麼的時候，往往會牽就熟悉而排斥陌生的事物。再者，當問起客戶要什麼，答案通常著重在眼前的需要，而不是未來的需求和慾望。根據IBM在一九七〇年代針對電腦主機使用者的調查發現，這些客戶壓根也沒想到在桌上擺部小型電腦。3M公司行銷人員的調查也指出，多數的消費者也沒想到過要以背面有黏膠的利貼便條紙取代迴紋針或釘書機。

公司面臨短期銷售量和利潤的壓力時，如果完全以客戶看法爲依歸，將嚴重戕害創造力，因爲最保險的作法就是全盤抄襲業界當道的手法或略作修改。電影業也常因爲「創意團隊被行銷團隊『操縱擺佈』」而扼殺創意。曾經推出《開放的美國學府》（*Fast Times at Ridgemont High*）、《征服情海》（*Jerry Maguire*）和《成名在望》（*Almost Famous*）等幾部賣座影片的製片人卡麥隆・克洛（Cameron Crowe）就曾說過，好萊塢的行銷人員，特別是那些在短期內追求最大營收者，是如何扼殺想像力十足的點子：

> 越來越多的人跑到創意人的辦公室登門造訪。這些人包括行銷人員、概念測定員（concept tester）和廣告人。你會發現最熱門的都是容易吸引人的題材：兒童、爆笑、崇高的理念。每件事都要測試。結果雖然降低冒險的成份，但形形色色的人到辦公室造訪，就會摧毀編劇的信心和創造力。

迪士尼的執行總裁麥可・艾斯納（Michael Eisner）也有類似的怨言：「多數針對觀眾——或消費者——的研究都是毫無用處。」艾斯納承認消費者對現有電影的反應有其參考價值，有助於行銷策略上的細微調整，但對下一步該做甚麼卻毫無幫助。他指出，喜歡看鐵達尼號（Titanic）的人未必就表示他們喜歡另一部「有關愛情和沉船故事」的電影。由於很難以消費者現有的偏好推測未來的市場需求，所以全錄公司PARC某位工程師半開玩笑的說，他沒辦法問消費者想要什麼，因爲他們還沒有出生。這也是爲什麼3 Com的創辦人鮑伯・梅卡菲（Bob Metcalfe）聲稱，該公司所發明高速連結電腦的乙太網（Etherlink）成功的理由在於儘管銷售人員強烈表示，消費者只要求針對現有的熱門產品略作改進即可，但他決定置之不理。甚至當公司決定不改良現有產品後，有些業務人員憤而辭職以抗議3 Com公司「不聽從客戶的意見」。梅卡菲表示，3 Com公司不得不忽視業務人員的心聲，因爲客戶想要的產品很快就會被乙太網所淘汰：

> 我們得到的教訓是要非常謹慎選擇聽取客户的心聲。即使如此，也未必要對客户的需要照單全收。你必須趕在客户還需要你的產品之前完成開發並寄出。否則的話，當產品開發週期結束，你準備好要出貨，客户會說你所提供給他的東西是去年他想要的。

這並不表示市場推廣、行銷人員和產品測試員在創新過程應該永遠的袖手旁觀。在上述的例子中，梅卡菲雖然忽視業務人員的反應，但他告訴那些羨慕他的工程師說，他之所以擁有今天的財富全是因爲有人銷售他開發的科技，「而不是因爲某些學術溫室裡任何一個天才般的靈光乍現。」此外，行銷人員也可以從非公司產品用戶的反應中帶回創意靈感，這些客戶可能是太年輕、負擔不起，或是產品沒有吸引力而沒有使用公司的產品。當歐洲福特汽車的行銷人員希望從「有品牌認知的年輕人，即所謂嬰兒潮時期出生的年輕人（echo boomers）」的身上尋得一些靈感時，他們不是採用「焦點團體」（focus groups）的市調方法尋找客戶未來的需求，而是到這些「嬰兒潮時期出生的年輕人」出沒的地方觀察和交談。例如，他們到倫敦以實驗 Techno-Pop 曲風為特色的美容院和最熱門的酒吧。誠如年僅二十七歲「福特歐洲消費者行銷調查」（Ford's European Consumer Marketing Insights）經理安德魯．葛蘭特（Andrew Grant）說的，「這是一次深思熟慮的震撼性策略……突然之間，我們的客戶不再只是紙上的統計數字或廣告商所準備的樂觀評估報告。他們成了血肉之軀，活生生的站在我們面前。」福特公司不只問嬰兒潮時期出生的年輕人想要什麼，還利用電腦輔助設計工具取得他們的反應來發展概念，並且當場採用這些年輕人的建議。「這些年輕人建議這個建議那個，然後和設計師共同繪製一輛汽車的草圖，不僅造型簡單而且價格相對而言也便宜許多。」

另一種更積極的作法，就是讓未來的消費者負責發展他們未來想要的產品。當初發展 Palm V 就是一個鮮活的例子。ＩＤＥＯ負責這項產品的主要研發工作。早期 Palm 的掌上型電腦銷路極佳，但超過百分之九十五的用戶是男性。專案領導人丹尼爾．波伊爾（Dennis Boyle）不只和十五位ＩＤＥＯ女性員工開會檢討這項產品，同時也指派兩位女性設計工程師——艾咪．漢（Amy Han）和崔．納絲蒂（Trae Niest）——共同負責該專案。這些工程師合力克服一些設計上的挑戰，像是如何放觸筆、提供充足的電力和設計堅硬輕薄的外殼。而IDEO女性同仁對產品提出的種種疑問更左右產品的設計。最後產品的設計方向和銷售方式就是一連串疑問下的產物，像是「爲什麼一定要設計成方形？爲什麼不能有曲線、輕巧和優雅些？」並且她們還關心爲什麼只在像電器行等「男人的地方」販售，而不在諾得史東（Nordstrom）賣呢？最後，一支造型優雅美觀的產品問世後，旋即造成轟動，共賣出幾百萬部，而且用戶不限男女。超級名模克勞蒂亞・雪佛（Claudia Schiffer）甚至和Palm合作銷售她個人專屬的紀念版淡金屬水藍色Palm V。

不適任的經理人

一位嘮叨的主管如果老是要求進度報告，就會打斷員工或團隊的工作，阻礙創新。套用3M公司的威廉・柯恩的比喻，這些主管就好像每個星期挖出種子看看生長的情形。我在幾年前所輔導的一家製造公司就患有這種毛病。高層主管不斷施壓，要求在產品研發過程中需以精心製作的原型、花俏的PowerPoint簡報內容和精緻的影音呈現「高品質」的產品說明，一位工程師不滿地說，「我們大半時間都浪費在準備這些雜耍式的表演，根本沒有太多時間用在產品本身。」

如果有位領導人凡事必詳加詢問，偏偏這位位高權重的領導人又對技術、產品或市場一竅不通，那麼問題將更形惡化。這類主管提供呆伯特漫畫取之不盡的嘲弄題材。有些專橫的主管過度高估自己的知識和品味，不僅浪費員工寶貴的時間，還經常否定或摧毀好點子，他們所到之處留下破壞力十足的嘲弄譏諷。幾年前，一位史丹福的學生在課堂上說她在惠普科技就有這麼一位老闆。「他緊盯著每個人的工作，並提供一些自以爲是的忠告。他告訴大家這是惠普科技的行事風格，是所謂ＭＢＷＡ『走動式管理』（Managing by wandering around）。但他實在應該留在自己的辦公室內。」然而，這則故事有個圓滿的結局，因爲高層主管不斷接到抱怨抗議，這位主管後來被調到另一個更能發揮他技能的職務。

按我之前所提的建議，一位好主管的原則是「首先，要無害」。如果你對問題一知半解，倒不如袖手旁觀，並且信任那些較專業的同仁犯的錯誤一定比你少。智慧的象徵之一就是要有足夠的謙卑去尊重那些學問比你好的人，而不是只因爲自己位高權重就傲慢地自以爲是。丹尼斯・貝克（Dennis Bakke）現身說法，提供一則將這種智慧發揮到極緻的例子。貝克是ＡＥＳ的執行總裁兼創辦人，ＡＥＳ在全球十六個國家參與設計、興建和管理一百一十座以上的電廠，是家聲譽卓越的公司。貝克不只口頭上說讓最熟悉當地市場的員工決定策略，還付諸行動。二〇〇〇年十一月三日，ＡＥＳ的區域經理以驚人的天價十億美元標購一家大型的奇林電力公司（Chilean Power Company）。這不但出乎競爭者的意料之外，貝克本人也大吃一驚。《華爾街日報》（*The Wall Street Journal*）報導說：

> 但公司的執行總裁並沒有因爲十億美元的報價而夜不成眠，而這個報價不久將使公

司的股票火熱發燒。「我在事後才知道這件事，」執行總裁貝克說道。一位AES的區域經理在確定得標之後告訴他這件事。「他把我叫醒後說，『我們得標了』。」

這件事事前曾徵詢貝克的意見，但他授權南美洲的總裁全權處理。這是AES標準的行事作風，公司的資深主管把自己看成是教練而不是決策者。很少有公司的高級主管如此信任部屬，而有些人批評AES授權得太過份了。但從結果看來，卻很難駁斥AES的作法，因爲AES持續擴張的腳步爲競爭對手所望塵莫及，而公司股東在一九九五年至二〇〇〇年的投資報酬率接近百分之一千，超過工業指數的十倍以上。

時機不對的錢迷

要創新，沒錢免談。專案如果缺乏資源就滯礙難行，因爲沒有足夠的時間、人力和物資去收集多元的觀念、嘗試新的組合，沒有失敗的本錢，也無法把好點子修正到盡善盡美。根據一項針對二十六項產品研發團隊創造力的密集研究顯示，表現最佳和最差的六個團隊之間的主要差異在於創意較差的團隊經常把金錢和資源掛在嘴邊，主要也是因爲他們沒有足夠的資源把工作做好。

即使不愁沒錢把工作做好，但如果滿腦子想的或開口閉口說的都是賺錢經，同樣也會扼殺創意。研究顯示，如果員工和團隊過份著重金錢（和名氣），而忽略工作本身，則工作品質和創造力都會大打折扣。因爲過度在意工作「外在」的報酬而不是「內在」的本質，那麼注意力就會從工作的樂趣和挑戰移轉到工作可能帶來（或許不會）的名與利。創造力研究的大師泰瑞莎‧艾瑪拜（Teresa Amabile）稱之爲「創造力的內在動機原理」（Intrinsic Motivation Principle of Creativity）：「當人們創意的動力主要來自於工作本身的興趣、成就感和挑戰——而不是外在壓力時，往往會有最佳的創意出現。」

艾瑪拜的內在動機原理雖然證據充分，但卻不容易推行，因爲組織內，甚至包括非營利組織和大學都有各種力量讓成員不得不向金錢看齊。雖然在某些情況下，比較容易說服別人降低對外在報酬的重視；例如，可以用充份的證據告訴父母，以物質金錢鼓勵孩子爭取好成績，最後可能會喪失其在校學習的興趣和日後學術上的成就。但在職場上又另當別論了。畢竟，多數人考慮工作時，報酬就算不是唯一原因，至少也是重要原因之一。而且一個人在團體和社會的地位往往和薪資報酬密不可分。而且薪資、福利和員工認股權是公司吸引人才的主要工具。所以說服大家不要唯利是圖，要以工作爲樂，未免陳義過高。

即使少數公司有合理公平的薪資制度和樂在工作的員工，但管理高層還是很難把財務議題擺在一旁。因爲如果是上市公司，投資分析師必然對公司的短期財務表現窮追猛問。握有股票的員工，工作也一樣會分心。我記得幾年前有一次拜訪英國石油公司（British Petroleum）在克里夫蘭（Cleveland）的辦公室，空盪的大廳中擺著一部電視機，從頭到尾只顯示一件事：英國石油公司的即時股價。英代爾和微軟等公司也有類似的情形，許多員工的電腦螢幕保護畫面都顯示公司的股價，而員工也整天談論股價。

要員工降低對工作外在表象的注意力其實並不容易，尤其是像會計師、稽核員、股票分析師和投資者這類的財務專業人員。但這些專業人員應該了解，如果過度以利益爲導向，尤其強調短期的財務績效，可能扼殺創意。但是公司可以在招募和徵才時，以若干政策扭轉過度強調工作報酬的現象。例如，一九九九年初期許多網路新興企業競相以高薪，尤其是員工認股權來網羅新進員工。Homestead的執行總裁凱奇希望加入公司的員工不只爲了金錢，還要對公司和工作有興趣。Homestead剔除汲汲於追求財富的自大員工。即使他們付得起市場的薪資水準，但只付市場水準的百分之八十五。凱奇解釋道，「如果員工爲了錢而來，同樣也會爲錢而離開。我們希望的是不要斤斤計較報酬多寡的員工。」

公司的高級主管如果把重心擺在工作本身而不是外在報酬，相信對其他同仁有良好的示範作用。多數上市公司的高級主管千方百計討好對公司股價有舉足輕重地位的股票分析師。我熟識的一位顧問告訴我，他所服務的一家大型化學公司的執行總裁「因爲分析師的批評而沮喪，正面的評價而雀躍，這對公司每一個同仁都是不良的示範。」如果這位執行總裁能夠讓員工了解太在意短期股價是不智之舉，而且也不要太在意分析師的看法，如此一來，管理團隊和其他員工的工作品質和創意將有所提昇，因爲大家的焦點擺在對公司長期最有利的事而不是追求短期的利益。AES的執行總裁貝克就是這種典型人物。他認爲，公司之所以長期績效良好，得歸因於公司一向以建立偉大的事業爲抱負，而不是追求最大的短期盈餘或處處取悅投資分析師。

高級主管對自己薪酬的心態也有示範效果。根據估計，雅虎（Yahoo!）前執行總裁（現任董事長）提姆·庫格（Tim Koogle）在一九九九年是全球薪資最高的執行總裁，主要是因爲雅虎的股價飆漲，致使他的身價超過一億美元。庫格還在執行總裁任內時並不喜歡談到自己的財產，每回有人問起雅虎所造就的那些百萬富翁們，他總會特別指出自己是住在一間只有兩間臥室的普通房子裡。他也一再強調，雅虎之所以能成爲這麼一家大公司的主要原因之一在於他和其他兩位創辦人楊致遠（Jerry Yang）和傑夫·費洛（Jeff Filo）一心一意只想打造一家偉大的公司，而不是如何發財致富。庫格的所言所行讓人感覺打造和經營一家偉大公司的樂趣遠遠要超過他所能得到的最大財富。庫格的理念也讓人想起賀瑞格（Herrigel）在其經典作品《箭術的禪學》（*Zen in the Art of Archery*）中描述的，如果你專心於享受搭弓、拉箭和射出的樂趣，而不在於正中標靶紅心，你將獲得兩種回報：從射箭過程中得到莫大的樂趣，同時也更有可能正中紅心。

避免和減少放錯心力的訣竅

如果創意工作像在透明的金魚缸裡進行，把所想、所說、所做的每一件事都赤裸裸的呈現在所有人的面前，則對創意是一種傷害。但如果只是一廂情願期待客戶、批評者和唯利是圖的人最好能識趣的避免干擾創意工作或袖手旁觀，這是不夠的。《財星雜誌》（*Fortune*）的專欄作家麥可·史卡吉（Michael Schrage）寫道，如果公司眞能妥善管理創意，就沒有必要採行秘密工作或其它隔離創意人的措施。史卡吉同時描述這種「創意隔離政策」（Innovation Apartheid）會造成其他員工覺得被排斥而心生不滿。我同意這種觀點，當每位員工都能貢獻點子讓公司更有創意時，最好能避免塑造一群精英和獨立的團體。史卡吉的看法完全正確，但是能在不與主流團體作區隔的情況下依然保有創新能力的團隊可說是少之又少。大部分的公司總有來自四面八方的力量誤導和摧毀創意工作，這些力量包括主管以例行公事的思維管理創意，人事上的夙敵處心積慮破壞團隊的工作，以及只顧眼前需要而不管未來的好心客戶。

所以，要讓創新成眞，經驗老道的主管必須保護——有時必須隔離——創意人不受外界的干擾。我提供一份六套訣竅的菜單，可以隨你的需要交叉應用。當然，這些訣竅的對象主要是團隊領導人或高級主管。雖然任何從事創意的人都可以採用這套訣竅，但和外人打交道通常也應該是主管的職責。誠如亨利·曼茲柏格（Henry Mintzberg）所言，「曾經有人半開玩笑地說，所謂的經理就是負責接待訪客好讓其他人專心工作的人。」

下逐客令

如果你握有權力和足夠的勇氣，對不速之客下逐客令是最有效的策略。明白告訴他們你沒空、沒興趣或沒有精力招待他們。例如，諾貝爾獎的得主經常發現，經過一番默默無聞的埋頭苦幹之後，一旦得獎，常因面對各種隨之而來的邀約壓力而不堪其擾，以致於無法專心於研究工作。有些得獎人對於這些擾亂精神的外務苦思應付之道。諾貝爾獎得主法蘭西斯・奎克（Francis Crick）對於若干請求一律以這封標準信件回覆：

奎克博士感謝您的來信，但很抱歉本人對下列邀約敬謝不敏：寄送自傳、提供照片、治療疾病、接受採訪、上電台、上電視、晚餐後演說、寫推薦函、協助你的專案、閱讀你的手稿、發表演說、參加會議、擔任主席、出任編輯、編寫書籍。

這招只適用在位高權重的個人或團隊。當蘋果電腦的創辦人賈伯斯保護麥金塔研發團隊時，這招就很管用；事實上，當團隊在自己的大樓豎起一面海盜旗宣告團隊的獨立自主，他感到得意洋洋。而新力總裁大賀典雄手段雖然沒有這樣招搖，但還是強烈指示新力公司的其他人不得打擾新力 PlayStation 電視遊樂器主機的研發團隊。

學習當成耳邊風

萬一你無權下逐客令，或是認爲少用爲宜，另一種策略就有點駝鳥心態，假裝別人並沒有看著你或對你說話。如果表現得客氣禮貌，就能讓團隊避開外界的關注、批評或建議，讓重要的工作能繼續進行；否則當團員認爲外界的批評不正確、有失公平或尖酸刻薄時，每個人就會動怒而影響工作情緒。就以華勒斯鋼管公司爲例，即使訪客出自誠心誠意的恭維讚譽，如果讓你分心無法專注於更重要的工作，就必須學會把這些話當成耳邊風。心理學家理查・拉查瑞斯（Richard Lazarus）指出，有時候，罔顧現實可能有助於健康和決策。罔顧現實有可能造成嚴重的後果，就像癌症患者因此延誤治療時機。但拉查瑞斯指出，一個人如果無力制止讓人分心困擾的關心厚愛，那麼對其置若罔聞就是有益的；如果太在意外界的批評，而且心情隨之起伏高低，將削弱一個人原本處理事情的正常能力。也就是說，經理人可以採用類似這種置之不理的防禦手段避免把心思放在不相干或無法控制的議題，或那些讓人分心的恭維和誘惑。

例如，約翰・李德（John Reed）擔任花旗銀行（現爲花旗集團）的執行總裁長達十五年之久，在備受爭議的任職期間，主導銀行進行一連串的創新改革，包括全國的信用卡行銷，在全球各地普設自動櫃員機，並拓展花旗銀行的版圖到新興的亞洲和拉丁美洲市場。李德擔任執行總裁時告訴我，對於有關他本人和銀行的媒體報導，他一概不讀、不聽、不看。他說過，太在乎新聞報導的執行總裁的心態不正確，因爲他們認爲直接討好幾個重要的關鍵人物比透過大眾媒體的報導更爲有效。李德聲稱從這類報導根本學不到有用的新資訊，因爲他們關心的議題並不是他必須做的事。再說，這類報導錯誤百出。

已過世的卡內基・梅隆大學（Carnegie Mellon）的心理學教授赫伯特・賽門（Herbert Simon）也採用類似的手法。賽門曾經獲得諾貝爾經濟學獎，不但是人工智慧領域的先驅之一，而且是公認有史以來最具想像力和生產力的行爲科學家。賽門不靠讀報或看電視獲取新知。他說，如果發生重大事件，大家自然會告訴他，所以讀報、看電視是浪費時間。賽門甚至在對「全國報業編輯協會」（National Association of Newspaper Editors）演說時也闡述這個觀點，聽得這些編輯快快不樂。「我自一九三四年第一次投票以來，已經節省可觀的時間，」賽門說道，這讓他能有更多的時間專注於研究工作。

避而不見，如果做不到，就對自己的工作避而不談

另一個相關的策略是對外人避而不見。對於素未謀面的人比較容易避而不見，而且對這種不速之客比直接下逐客令更得體，而且比較不會激怒這群人。基於這種考量，吉得電腦公司的「微小子」獨立從事老鷹計劃，曼哈頓計劃的科學家和研發新力 PlayStation 電視遊樂器主機的工程師也過著「與世隔絕」的生活。洛克希德公司（Lockheed）的凱利・強森（Kelly Johnson）領導的團隊也是如此。強森是「鼬鼠計劃」（skunk works）一詞的發明人，該計劃指的是一群被隔離的菁英團隊從事設計 U-2 和 SR-71 黑鳥（Blackbird）高空偵察機的工作。萬一無法完全避免和外部的互動，退而求其次就是對自己的工作隻字不提。微小子被告誡說，「出了這個團體，就別提起老鷹的名字。」「出了這個團體就閉嘴。」當然，不是對外界每個團體都要敬而遠之——只針對那些成事不足敗事有餘的團體。我一向主張選擇性的對外曝光，而不是完全的和外界隔絕。史卡吉在其大作《嚴肅的遊戲》（*Serious Play*）中敍述一家高

科技公司如何採用這種選擇性曝光的手法：

員工總是很得意地向同仁展示自己的工作原型——但觀眾只限於副總級主管以下同仁。大夥都有心照不宣的默契，「絕不向笨蛋展示未成品。」管理高層很難從粗糙的原型看到最終產品的模樣，而且經常因爲原型乍看之下不滿意而否定一個原本的妙點子。結果許多工程師隱藏自己更具爭議性的原型，直到精雕細琢之後才呈現在高級主管的面前。

根據史卡吉這段話，眞正的挑戰是找出創意過程中重要時點的「笨蛋」。但是別忘了，如果沒有你今天避之惟恐不及的笨蛋，可能就沒有明天的成功。在史卡吉的例子裡，沒有高級主管對「精雕細琢」原型的支持，這家公司就不會有成功的產品。

以花招分散其注意力

這招的要領是要提出有趣的話題，甚至創造刺激的事件以分散外人對創意工作的注意力。老練的政治人物經常使用這種策略分散記者的注意力，以避免他們提出尖銳的問題。雷根總統（Ronald Reagan）有時候在記者面前故意談些他當演員和運動播報員時的一些笑話和趣事，顯然就是要分散記者在尖銳或棘手的問題上質問或窮追猛打。一些經理人如果想要保護創意工作不被高級主管和記者干擾，有時候也可採用相同的做法。

位於法國楓丹白露（Fontainebleau）歐洲工商管理學院（INSEAD University）的教授查理斯・葛路尼克（Charles Galunic）曾採訪一位研發部門的主管，這位主管擔心來自高級主管的關心可能會擾亂和限制部門內一支正在設計電腦周邊產品的團隊。這位主管相信一旦高級主管對這專案產生高度興趣，將會要求更多的報告、希望瞧瞧示範操作和原型，而且也會熱心的提供（誤導的）建議，這些都會阻礙這項重要產品研發的速度、創意和品質。這種事情過去已在他和其他研發部門經理身上發生過好幾次了。他採取的防禦手段就是拿出略見成果但重要性不高的專案給高級主管瞧瞧，藉以分散其注意力。為了降低重大專案所激起的「高度興奮」，他每回向高級主管簡報時，總是先談其它專案，並在結束前才匆匆報告他認為最重要的專案。他告訴葛路尼克，等到轉而討論這項尚未成型的產品時，高級主管已經沒有充裕的時間，而且心不在焉，也累得提不起勁提供批評建議。高級主管通常只對這種（最後非常成功）的產品不置可否，然後又繼續轉向其它議題。

打迷糊仗

我們往往高估組織內凡事要說清楚講明白的重要性，至少一些研究人員是這麼認為。他們表示模稜兩可可以在完全沉默和說明白講清楚之間取得一種有效的折衷方式：完全沉默被認為背後一定另有文章，而說明白講清楚又會造成持反對意見的人或無權置喙的人覺得被排斥。如果清楚明確地交待下一步該怎麼做，將使事情失去轉圜的餘地和改變的空間，因為未來的行動流程已經清清楚楚的列出。這些研究員指出，策略性的模糊可以創造彈性的空間。

政治人物經常因為故意含糊其辭而聲名狼藉，但這也為他們爭取到日後更多的「搖擺空間」。雖然新聞界經常撻伐他們在選擇明確立場上的那種無能，但如果含糊其辭成為改變一項失敗行動計劃的必要工具時，對社會大眾（和他們自己）還真是好處多多。相對地，如果欠缺模糊地帶，一旦試圖做任何改變時，就會困難重重和造成潛在的傷害。就以美國前總統喬治・布希（George Bush）在一九九二年總統大選期間爆發的增稅問題為例。在歷經一九八九至一九九三年的經濟衰退後，政府收入銳減而且若要阻止政府負債的增加，增稅是必要的手段。儘管增稅看起來是明智之舉，但由於布希先前信誓旦旦的談話〔例如，「讀我的唇，絕不增稅」（read my lips, no new taxes）〕不但讓這項措施比以往更難決定和推動，而且損及他的誠信，成為一九九二年總統大選的致命傷。

經理人可以用策略性的模糊保護創意工作，藉此降低「社會助長效應」，因為如果有心打探消息的人根本無法完全掌握組織成員的想法、計劃和作法，就只能提供一些無關痛癢和不周延的建議，其實很容易就會被忽略過去。

刻意無趣

公司、團隊和員工只要引起人們的興趣，就會成為眾人關注的焦點。因此，領導人如果讓別人覺得單調乏味，鎂光燈自然照不到他們身上。如果此法奏效，別人自然對一個乏味的領導人或公司失去興趣，就不會大費周章地評估績效、詢問細節和接二連三的提出（可能是錯誤）建議。所以，當大家普遍認爲擅於溝通是重要的管理技能時，有時候無聊乏味反而是對公司或團隊最有利的事。怎麼做相信你一定心知肚明。想想你遇過最乏味無趣的老師，說話辭不達意、速度緩慢、音調單調、使用冗長、拐彎抹角的句子、不正眼瞧聽眾、談論繁瑣的細節、使用平淡無奇的語言、談論無聊的話題和利用深奧的例子闡述觀點。

結果，就算大眾有心弄懂你的談話，還是聽得滿頭霧水。而且如果他們有機會和你——以及你想保護的其他人——交談時，可能會自討沒趣的離開而去煩另一個談得通的人。或許有些員工和團隊因爲單調乏味而蒙受其利卻不自知。當然，我所認識一些最富生產力和想像力的研究員本身就很乏味無趣。我懷疑他們之所以如此具有生產力的原因之一，正是他們不會被訪客或演講邀約疲勞轟炸。雖然有些個人和團隊因爲領導人無心造成的單調乏味而受利，但我這個點子來自於幾年前我所採訪過的一位名列財星五百大企業的執行總裁，他曾故意發表一場百無聊賴的演說以避免公司成爲外界追問的焦點。他這種行爲所隱含的智慧和謙卑讓我體會到刻意無趣其實是管理創新上一項重要、但常被忽視的技能。

這位執行總裁告訴我，就在他接任公司不久之後即受邀在一場冠蓋雲集的全國性會議上發表演說。他當時第一個念頭是拒絕這項邀請，因爲公司正陷入嚴重的財務困境，而且這位執行長也認爲公司銷售的產品有嚴重的缺失。然而，就在他和公關部門主管了解邀請的細節後，都認為這是降低新聞界對公司和他本身濃厚興趣的大好機會。他們認為過去幾任的執行總裁都被新聞界打探得一清二楚，他們希望這次公司至少能被忽視個一年左右，等到正在研發中的一些令人振奮的新產品問世後再成為焦點話題。於是他們擬定最佳的策略，不是拒絕這次演講的機會，而是以乏味的方式（充滿事實和數據的枯燥內容以及平淡語調寫成的台詞）討論乏味的主題。這位執行總裁說，全國新聞界的興趣似乎立刻盪到谷底，讓他和其他高級主管能專心研發產品，而不必像以前一樣對記者多費唇舌。

尋找公開和封鎖之間合理的平衡點

本章一開頭就建議，在創意發展過程的特定時間要防著特定人士，但並不表示創意應該在完全與世隔離的情況下進行。事實上，通常公開可以造就創新，而封閉卻扼殺創新。我很難以一分為二的劃分法明白指出創新過程中，在什麼時間和面對什麼人時應該公開或封鎖。這當中夾雜太多複雜的考量和模糊的地帶。但要指出創新工作對外公開和封鎖的最好時機是比較可行的。我在本書中不斷指出這個時機並將之歸納、摘要如附表。然而，表列時機需要特別強調一項：當團隊採用熟悉，特別是根深蒂固的工作習慣從事創意工作時，應該邀請更多的外界人士提供意見批評。

這項建議似乎和本章開頭介紹的觀眾效應相衝突。其實，在眾目睽睽下工作，只會影響對不熟悉事物的學習和表現。如果個人和團隊採用平日熟悉的方法去完成創新，那麼將精力和焦點擺在這種慣用手法將可以激發而不是扼殺創意。IDEO就是這類的典型。該公司的資深設計師經常利用相同的創新手法——觀察使用者、腦力激盪、速成原型——加以變化產生原始設計。一位工程師說道，「腦力激盪是我們的文化，速成模型是我們的信仰」，正足以說明他們一再地重覆使用相同的工作方法。所以資深IDEO設計師在觀眾面前的表現——即使是吹毛求疵的觀眾——也應該和獨自工作時的表現沒有兩樣。正因爲如此，IDEO能夠邀請美國廣播公司（ABC）的夜線（nightline）節目拍攝他們在一周內設計一部購物車的每一步驟，或在《聖荷西水星報》（*San Jose Mercury*）記者面前表演腦力激盪和速成原型來開發腳踏車的杯座，並定期邀請客戶參加腦力激盪會議。所以所謂有「好道長論短」的人在場時會扼殺創意的說法可能過度簡化了。這句話只有在必須學習全新事物時才有可能發生。

IDEO樂於邀請外人參與創新所代表的意義，在於創新工作不一定非得把小組成員「隔絕於世」，同時也意味某些團隊和公司從不對外界透露任何口風是過於神經緊張，其實有時候公開可以集思廣益，爭取更多資源和獲得更多的政治支持。昇揚電腦公司研發爪哇程式（原先叫做「Oak」）的團隊就是一個明證。當這項產品首次有限度的公開亮相時，團隊成員忐忑不安地等待著，擔心高級主管會否決這項產品。「團隊成員每個人想的都像呆伯特漫畫中最後審判日來臨的情景。」結果「並沒有出現這種怪獸。」

創新工作對外公開或封鎖的適當時機

排除或避開外人的時機

- 當團隊成員學習全新的事物。
- 當外部干擾影響工作進度。
- 當外人總是老調重彈，提相同的建議。
- 當員工在各種創意簡報上浪費太多時間，而沒有足夠的時間發展創意。
- 當外人的焦點只放在短期的最大財務收益。
- 當團隊成員多半的心思都在討論他們的點子所能帶來的名與利，而沒有充裕的時間討論點子。
- 當團隊研發的是全新的產品、方法或服務，而不是在現有的基礎上做改良。
- 當外人不斷堅持事情作法應該沿襲舊制。
- 當外人對團隊一、兩個想法過早表示高度興趣，而阻礙新觀念的產生和試驗。
- 涉及智慧財產權的保護。

邀請外人共襄盛舉的時機

- 集思廣益以應用新的方式和組合。

- 當團隊的創新工作需要更多的資源才能開始進行或完成，以及需要說服大家對工作的支持。
- 當團隊遇到瓶頸，需要脫困的點子。
- 當團隊成員總是老調重彈，尤其是老用相同的解決辦法去面對每一個新的問題。
- 團隊針對現有客戶普遍使用的產品做大幅改良。
- 必須針對特定的客戶群的立即需要設計產品或服務。
- 當團隊採用熟悉、習以為常的創新手法開發新產品。
- 團隊的想法已經發展成熟到了該去「推銷」的時機。

13

奇招第十式

不要嘗試從自稱曾解決過相同問題的人那兒學習任何東西

同為諾貝爾獎得主的詹姆士・華生

遞給費曼一份描述他和奎格發現 DNA 結構過程的手稿

〔出版的書名為《雙螺旋》(*The Double Helix*)〕。

當費曼把華生的手稿交給另一位物理學家同事看,

這位同事看完後評論道,

「你知道嗎!華生從事這項偉大的發現時,

竟然與他同行的所有人正在研究的東西搭不上任何關係。」

費曼對此寫道,

「『置之不理』。這正是我所忘了的東西」

如果我充份掌握物理學最新發展趨勢，就不可能發展自己的理論，遑論下工夫驗證。再者，儘管大家一開始對我的想法提出猛烈卻錯誤的抨擊，幸好我置之不理，才使我的想法免於胎死腹中。

——麥可・伯利安尼（Michael Polyani）描述發展分子吸附（molecular adsorption）理論的過程，科學界最初駁斥這個理論，但現在已經是公認的定理。

當出身美國教育的工程師丹尼爾・恩格（Daniel Ng）於一九七五年在香港開設第一家麥當勞時，當地的飲食業競爭對手將此冒險投資視爲未賽先出局：「賣漢堡給廣東人？別開玩笑了！」恩格將其大膽的決定歸功於沒有得到商業管理碩士學位和從未上過企管課程。

——漢學教授詹姆士・瓦森（James L. Watson）敘述香港現有一百五十八家生意興隆的麥當勞。

我們自我封閉以遠離平凡無奇的思考和當下存在的流行技術。

——吉姆・賈納德（Jim Jannard），專門製造精品和新潮流行太陽眼鏡的奧克力（Oakley）公司創辦人與董事長。

創意過程中，不畏人言、不顧現實是值得鼓勵的，尤其是在創意萌芽階段。有些人不知道事情「理應如此」，反而不會被既有的觀念所矇閉、牽就。他們可能從別人忽略的點切入，所提出的新想法和角度是長期鑽研該領域，思路受限的專家所想不到的。天真的人不知道什麼事應該注意或應該忽視，才能以該領域所謂的專家所排斥或壓根沒想過的新角度去看舊事物。

我從閱讀一些創意十足的諾貝爾獎得主的典故逸事中得到這個靈感。我們從許多得主身上可以發現這種忽略或隔離現狀的優點，像是詹姆士・華生和法蘭西斯・奎格發現ＤＮＡ結構，蓋瑞・穆里斯（Cary Mullis）發現聚合酵素連鎖反應（PCR, polymerase chain reaction）以及理察・費曼在物理學的研究。這些科學家和其他人都把自己工作上偉大的突破歸因對領域內其他人的工作置之不理。他們不知道事情過去的作法，也不知道應該怎麼做，更不知道什麼被認爲是不可能或荒謬的。只要自認符合邏輯和正確的事就大膽放手去做。

費曼拒絕「閱讀當代文獻，對於按慣例先行檢視過去完成的作品後才著手進行研究的研究生都不假辭色。他訓誡他們，這麼做會失去發現獨創事物的機會。」費曼曾經有一段時間陷入低潮，因爲覺得自己創意枯竭，一年不如一年。他在芝加哥大學的教職員聯誼會上巧遇同爲諾貝爾獎得主的詹姆士・華生，他遞給費曼一份描述他和奎格發現ＤＮＡ結構過程的手稿〔出版的書名爲《雙螺旋》（*The Double Helix*）〕。當費曼把華生的手稿交給另一位物理學家同事看，這位同事看完後評論道，「你知道嗎！華生從事這項偉大的發現時，竟然與他同行的所有人正在研究的東西搭不上任何關係。」費曼對此寫道，「『置之不理』。這正是我所忘了的東西」

有兩種主要的方式可以利用天眞的優點。第一種方式是找到生手、年輕或天眞的人，他們不僅缺乏對困難或問題所在的專業知識，也沒有相關領域的專業知識。珍・古德（Jane Goodall）女士對黑猩猩的開創性研究就是一個明例。當初人類學家路易士・里基（Louis Leakey）聘請古德到非洲對這些人猿進行爲期兩年的密切觀察。古德因爲從未受過科學訓練，所以對這份工作猶豫不決。里基認爲大學的訓練不但沒有必要，而且還有嚴重的缺點。古德說道，「他希望找個想法不會被理論限制和誤導的人，從事這項研究的人除了強烈的求知欲外一無所求。」最後，里基和古德一致認爲，要不是當初對既存理論的一無所知，她就不可能觀察並解讀出那麼多黑猩猩的行爲意義。

另一種比較溫和的作法是僱請在某些領域訓練有素，但又不會被產業一些行之多年、武斷和落伍的慣例所限制的人。英國眞空吸塵器第一品牌的製造商戴森電器公司（Dyson Appliances）就是採用此法。「雙旋風式」（Dual Cyclone）吸塵器是一項吸力強、突破性的眞空技術，而且不需要集塵袋。這種吸塵器外觀色彩鮮豔、而且有個透明的視框可以清楚看到內部收塵器的以時速一千哩運轉的情形。公司的創辦人兼執行總裁詹姆士・戴森（James Dyson）認爲公司能發明這種暢銷產品的原因之一是因爲直接從大學招募畢業生。「他們未受業界的污染，還沒有陷入傳統的窠臼，也不會只想著公司的短期利潤和提早退休的問題。他們比任何人都想做些不一樣的事情……公司的行銷負責人是剛從牛津大學畢業的羅貝卡・崔森（Rebecca Trentham），而且所有的產品都是剛畢業的大學生所設計和規劃的。」戴森說道。

同樣地，第一代新力 PlayStation 成功的部份原因也是發明設計的工程師都是電視遊樂器業的新鮮人。「我們很幸運，因爲我們對遊樂器只是業餘的玩家，而且天眞的地按自認可行的方式去做……我們不會被業界既有的慣例所框限——我們從頭開始，每個人都可以毫無保留的暢所欲言。」新力電腦娛樂事業公司（Sony Computer Entertainment Incorporated）的副社長丸山茂雄（Shigeo Maruyama）作了以上表示。

利用天眞這優點的第二種方式是聘雇不同產業和職務的人，這些人可以利用其它領域的專長幫助你以全新的角度檢視問題——甚至提供可能的解決之道。具有各種技能和不同背景的人，不僅能找出更多解決問題的辦法，同時也能跳脫長期鑽研此一問題之員工的狹隘思考。另外，專精不同領域的員工可能工作得更有效率，因爲他們只會就自己所知針對不同問題提供最有效的解決方式。例如，幾年來，工程師用盡心思想延長膝上型電腦的電池壽命，而研發的焦點都擺在續電力更長的電池和各種減弱、關閉耗電量大的螢幕軟體程式。3M的微複製科技中心（Microreplication Technology Center）則將問題重新定位——製造耗電量較少的電腦螢幕。微複製（microreplication）是由精微錐體構成的三維平面，這項技術是3M最早在一九五〇年代爲聚光和改善OHP投影機亮度而發展的。雷克・德瑞爾（Rick Dryer）和山迪・柯布（Sandy Cobb）修改微複製的技術後研發出光學增光片（Brightness Enhancement Film），這可以增強平面顯示器的亮度和大幅延長電池壽命，現在膝上型電腦製造商已廣泛採用此一技術。

巴勒德電力系統公司早期也是採用類似的方法。一九七四年，當時的執行總裁傑弗瑞・

巴勒德聘請一位年輕的化學教授凱斯・普雷特（Keith Prater）擔任顧問。當時巴勒德的重心擺在研發壽命長的電池。普雷特於是提醒巴勒德他從來沒有電池的相關從業經驗。「沒關係，」巴勒德說道，「我不需要一個懂電池的人。他們知道行不通的原因。我要的是一個聰明、有創造力並且願意嘗試別人不願嘗試的事情。這樣才會有所突破。」沒錯，普雷特在公司早期研發創新電池的過程中，以及後來在研發驅動巴士和汽車動力那項可能帶動電池產業革命性發展的燃料電池科技突破上，都扮演了舉足輕重的角色。

普雷特懂得化學理論，他不知道的是研發電池和燃料電池的人所認為理所當然的一些假設和觀念，所以也就不會被業界的法則限制。當你和公司面臨瓶頸和挑戰時，尋求一些曾碰過類似問題（雖然表面上互不相干）的人才的建議是項明智之舉。聘用這種人是對老問題引進新解決辦法的有效方式。例如，蓋登公司（Guidant Corporation）研發用來擴張心血管阻塞的小型支架乍看之下和國防部廠商發展的飛機和飛彈毫無相干。但根據（心臟）血管介入性治療集團（Vascular Intervention Group）總裁金格・葛拉漢（Ginger Graham）指出，蓋登公司這項研發得力於雇用國防工業的工程師。這些來自美國太空總署、休斯（Hughes）、洛克希得、福特航太公司、瑞侃（Raychem）和通用動力（General Dynamics）的工程師爲公司和業界帶來全新的材料和設計方向，幫助蓋登公司設計更好的支架和其它醫療器材。前瑞侃的工程師利用本身對高分子材料的廣博知識，設計改良外科手術醫生用來插入並固定心血管的支架導管。

另一種方式是徵召散佈在不同團體、產業和地點但研究相同問題的人組成一隻團隊或公司。雷・艾弗翰（Ray Evernham）就組成這樣的一隻團隊培養賽車選手傑夫・戈登（Jeff Gordon），讓他從默默無聞的選手成爲史無前例、在一九九〇年代中後期稱霸溫士頓錦標賽（Winston Cup Series）的英雄。正如艾弗翰所說的：

> 我們在五年前組成彩虹戰士團隊之後，戰績一鳴驚人。原因之一是我們從一開始就勇於與眾不同。我們的團隊中沒有人有溫士頓錦標賽的經驗……我們也是第一支聘請教練專門訓練和演練這群維修組員（pit crew）。大家嘲笑我們的訓練方式：爬繩索、短跑衝刺和背部互揹。有人說：「你們到底在搞什麼把戲？」我承認這一切看起來有點滑稽，但非常有效。通常，我們維修的標準時間約十七秒——約比其它團隊快上一秒。一秒鐘，可以讓時速兩百哩的車子跑上三百呎。勝負就差在這裡，我們比賽時領先三百呎。

另一種類似的作法是，如果一個擁有「正確」技能和經驗的人對某項任務還是一籌莫展，何不讓擁有「錯誤」技能的人一展身手。他們所引進的全新角度或許能找到短視的專家們所看不見的答案，他們或許也擁有最終能解決問題的「不相干」知識。愛迪生實驗室的發明家曾絞盡腦汁想找到理想的絕緣電線化學物質，卻一再失敗，於是指派電機工程師雷根諾得・費森登（Reginald Fessenden）負責。費森登抱怨說他對化學一竅不通。愛迪生的反應是：「那我就希望你當個化學家。這裡有一大堆的化學家，……但沒有一個找得到答案」。愛迪生一向很讚賞費森登的工作表現，還是指定他負責絕緣體的專案。專案結束後，愛迪生寫了一封推薦函，強烈建議費森登當個化學（不是電機）實驗研究員。

知道如何有效做事可能會扼殺創造力。天眞，但是充滿好奇、興趣和毅力的人有時候比知道應該如何做事的過來人表現得更好。基本的原則是，如果你充份了解某項議題，不妨找一些天眞的人提供意見，因爲他們沒有先入爲主的偏見，就算有偏見也會是不同領域或不同公司的專家偏見。當然，如果你對議題一竅不通，就該請教該領域的專家。知名的人類學家里基和年輕、未受過專業訓練的珍・古德之間的關係就是一個很好的例子：里基需要古德的天眞，而古德需要里基的知識。

奇招第十式：不去理會過去如何解決相同的任務或問題

- 專案發展初期，先別急著瞭解你所服務的公司、產業、領域或地區之前對這個問題的處理方式。
- 如果你是某個問題的專家，而且對過去的解決方式瞭若指掌，可以請對此一無所知的人研究解決。年輕人，包括孩童對這類工作可能特別有幫助。
- 把你已經知道「答案」或無法解決的問題丟給新進員工（尤其是社會新鮮人）解決。暫時袖手旁觀，看看能否產生一些新點子。

・找出各行各業相似的問題，研究他們是如何解決的。

・尋找曾在不同公司、領域、地區和產業研究類似問題的員工，問問他們會怎麼解決這問題或有無意願接下這份工作。

・如果擁有「正確」技能的員工對某個問題一直束手無策，不妨指派其它具有「錯誤」技能的人去解決。

・如果你是生手，找個專家幫你，先別假定他們都是對的，尤其當他們告訴你他們是對的時候。

14
奇招第十一式

揮別過去，尤其不要沉湎於過去的風光

一位主管帶著藍色的「好消息」(Good News)

拋棄式刮鬍刀做簡報時，

塞門斯當場勃然大怒，「這位主管還未開口，

塞門斯就把他帶來的一袋拋棄式刮鬍刀拿來扔在地上，

狠狠的用腳踩碎。」塞門斯氣著說：

「這就是我對拋棄式刮鬍刀的看法。」

吉列公司於是走回頭路，專心研發生產高利潤的創新產品，

後來推出的感應式刮鬍刀（Sensor）一炮而紅。

文特唸研究所時，有人告訴他生物學發展已臻極限，很難再從當中找到博士論文的題材。

——有人對文特提供的餿主意。但他的開創性作品「霰彈槍基因體定序法」（Shotgun genomics）對組合人類基因密碼有突破性的貢獻。

我問道，「萬一董事會把我們掃地出門，另外請個執行總裁，你認爲他會怎麼做？」葛登毫不遲疑的回答，「他會把我們自記憶中消除。」我訝異地望著他，然後說，「既然如此，何不我倆現在走出大門，回頭重新來過。」

——安德魯·葛洛夫描述他在一九八五年和（當時）英代爾的執行總裁葛登。摩爾決定擺脫記憶晶片事業，全心發展微處理器。

當你一早回到聖·路克公司（St. Luke）辦公時，永遠不知道位置在哪裡。那是完全的開放空間。沒有屬於自己的小桌子或空間可以讓你擺置相片，眞的很缺乏歸屬感……但這是大家共同的決定，因爲我們希望戰勝習慣。創造力就是以強迫的創新和改變擊敗習慣。

——安迪·洛（Andy Law），聖路克傳播公司（St. Luke's Communications）的創辦人之一，是英國一九九八年最傑出的廣告商。

喬治·桑塔亞納（George Santayana）有句名言，「遺忘過去的人註定重蹈覆轍」，但這句話顯然不適用於創新工作上。至少當它指的是公司應該記住過去所做的一切時，就是一句很糟的建議。個人和組織的確應該記取別人成功和失敗的經驗，雖然這種知識很難轉換成行動，

但它山之石可以攻錯，主管可以從中學習合適的新作法。例如，通用汽車位於田納西州春山市（Springhill）的釷星廠，在當時稱得上是革命性的新廠。當初負責設計釷星廠藍圖的「九九委員會」（Committee 99）就是到世界各地取經，學習有關汽車設計、製造和銷售的最佳典範。相對地，如果只從個人過去的經驗學習，閉門造車，將問題叢生。所以，至少就組織的生命而言，桑塔亞納的名言或許應該改為：「記取公司過去經驗的人，註定重蹈覆轍。」

如前所述，哈佛大學艾倫・朗格（Ellen Langer）等心理學家的研究指出，人類大腦的運作方式讓我們習慣於重覆過去做過的事情，尤其是成功的事。實驗證明，一個人對某件事就算只做過一次，而且不知道事情的前因後果，潛意識還是自然而然地一再重覆這個動作。這種「自然而然」重覆行為的能力是人類有今天成就的重要原因之一。然而問題是，即便這種「無意識行為」績效不彰時，還是會持續下去。如果員工一開始沒有學習正確的做事方法，或是環境丕變，員工就必須以主動或「用心」的分析以改善績效，如果不能夠由自然而然的行為轉換為主動思考，就絕不可能替舊觀念找到新用途和新組合。

還有一個因素讓許多公司難以擺脫老方法和舊技術，因為捍衛和使用老方法的人在公司的權力地位通常都比鼓吹優越新法的人來得高。這批老臣因為過去戰功彪炳而步步高升，並握有珍貴的資源，一旦有人提出對公司有利的好點子，但卻威脅到他們的地位時，就會揮動手中的大權剷除異己。創立新力 PlayStation 電視遊樂器主機的久麥良木健就身受其害。當他研究 PlayStation 採用數位科技時，許多位高權重的高級主管和工程師從中作梗，故意刁難，這批人因爲從新力一成不變（而且效果良好）的傳統作法中名利雙收，所以誓死捍衛舊法。久麥良木健盡心盡力爭取所需的人才和資源，但新力公司大權在握的老臣還是藉故拖延工作，甚至喊停。一位權高位重的高級主管警告久麥良木健：「聽說你想要發展數位科技，今後在公司內不許再提這件事。否則立刻將你調職……不要懷疑。這在新力公司是個禁忌。」

此外，大家對舊方法做事駕輕就熟，所以堅持舊的作法。他們精通舊方法而拙於新技巧，因此一旦採用新（但比較優越）的觀念、方法和技術時，表現就比較差。馬奇（James March）稱此爲「成功的陷阱」（success trap）或「能力的陷阱」（competence trap）。

> 一旦嚐到成功的甜頭，公司便一再重覆採用成功機會大的作法。重覆的結果，公司對於採用的技術便更熟練……這種過程導致成功、提高能力和採用舊法這永無止境的循環。他們不願嘗試新觀念，不然就是嘗試後的表現不如採用既有的技術（因爲對兩者的熟練度不同。）

這種「核心能力經常轉變爲核心僵化」的現象即所謂的「成功的矛盾」。有關這類的研究汗牛充棟，尤其麥可・提休曼（Michael Tushman）和查理斯・歐瑞利（Charles O'Reilly）合著的《創新致勝》（*Winning Through Innovation*）和克萊頓・克里斯登（Clayton Christensen）的暢銷書《創新的兩難》（*The Innovator's Dilemma*）對這種現象都有深入的說明。這類的研究顯示，曾經風光一時的公司，甚至整個產業，都因爲無法從落伍的技術和經營模式轉型到更優越的「中斷性創新」(disruptive innovations)，進而掉入成功陷阱而日漸沒落。這些研究舉幾家公司爲例，像柯達公司（Kodak）在化學感光底片的成就、史密斯—柯洛納（Smith-Corona）的打字機事業、瑞士製錶業巨擘ＳＳＩＨ主宰著機械錶，以及電腦硬碟產業等，這些曾經風光一時的創新技術促使公司購買設備、發展文化、雇請、訓練員工和執行一些「讓人遲鈍」、「創新痲木」的政策，然後公司「持續、逐步改進」。實際上，組織正一步步掉入過去輝煌歷史的陷阱。」

揮別輝煌歷史的常用手法

公司有各種方法可以避開成功陷阱。我先談談一些著作中再三提出跳脫成功陷阱的方法。然後再根據本書的精神，提供一些靈丹妙藥。

組織應該如何和輝煌的歷史一刀兩斷？最常見的建議，也是克里斯登在《創新兩難》一書中的主要建議就是設立新公司，或起碼設立一個新的事業單位。事實上，許多公司設立的新部門、獨立公司和合資企業就是在作法和地點上完全和現有的技術、企業規範和經營模式脫離關係，不受公司過去的成功史操縱擺佈。威名百貨就是基於這種想法，所以二〇〇〇年一月和矽谷的創投公司亞瑟夥伴（Accel Partners）合組的威名百貨網站（Wal-Mart. com）就設在加州的帕洛奧圖市（Palo Alto）。威名百貨最初想利用公司位於阿肯色州（Arkansans）班頓市（Bentonville）總部的資源從事網路購物，但業績卻遠遠落後在像只靠網上售貨的亞馬遜網路公司（Amazon.com）這類的競爭對手，並且新網站來不及上線，因而錯過一九九九年的聖誕節旺季，於是痛下決心成立新公司。由於威名百貨的「實體企業」（bricks and mortar）經營得很成功而且倍受推崇，成立新公司發展網路事業可以避免兩者之間文化和財務的衝突，並且更能接近矽谷的科技人才。

另一種作法是成立新的事業單位，並鼓勵員工盡量去挑戰、反抗和漠視組織的規定。如果事業體能遠離權力核心和擺脫公司的影響，就比較容易達到上述的目的，因爲那些誓死捍衛公司規章的人鞭長莫及，比較沒有機會把老舊的規章教條硬套在新的事業體。所以，通用汽車第一家釷星廠就建在距離底特律公司總部有一千哩之遙的田納西州春山市。由於和總部距離遙遠，而且執行總裁羅杰・史密斯（Roger Smith）和聯合汽車公會（United Auto Workers）的幹部唐諾・艾菲林（Donald Ephlin）史無前例的合作無間，才使得新車廠在通用汽車向來和工會水火不容的爭鬥中置身事外。事實上，釷星車廠多年來已經成爲美國汽車業工會和管理階層合作無間的典範。就舉個例子來說吧，當初釷星廠人力資源開發部的主管蓋瑞・亥（Gary High）應徵工作時有四個人負責面試，兩位是通用汽車的管理階層，另兩位是屬於按時計酬的工會成員。蓋瑞搞不清楚誰代表「管理階層」，誰又是代表「工會」，因爲這四個人唯一關心的話題就是釷星廠整體未來的成敗。

惠普科技的理察・哈克伯恩（Richard Hackborn）爲了領導公司研發和銷售個人電腦用的

印表機而搬離帕洛奧圖市的公司總部。當哈克伯恩第一次想說服惠普科技的保守份子銷售印表機時，結果被打回票，因爲這種產品利潤微薄。有段時間，幾位管理高層不顧惠普個人電腦只有些微市場佔有率的事實，而堅持只賣和惠普電腦相容的印表機。於是哈克伯恩和一群名爲「狄克牛仔」(Dick's Cowboys)的經理人把工作場所設在遠離公司總部的愛達荷州(Idaho)的波伊斯市（Boise）。他們擺脫惠普科技行之多年、洋洋灑灑的規則束縛。「狄克因爲擺脫這個體制而成功。他做任何事無需取得批准，寧可事後請求諒解，」和哈克伯恩在一九八〇年代共事五年的網路器材（Network Appliances）的執行總裁唐•渥曼霍文（Dan Warmenhoven）如此說道。這本書寫作期間，這些印表機（尤其是可替換的墨水匣）幾乎佔惠普科技百分之五十的銷售額和百分之七十五的利潤。

新公司或事業單位設在遠離總部的地方不但可以擺脫公司規章的束縛，並接近最新的技術、經營模式和企業慣例。這些不同於傳統的規則和商業規範，可以幫助新的企業單位揮別公司的過去，並很容易做到兩件事：開創全新的未來以及不可能走回頭路。如果新公司或事業單位的員工拿的是一張「單程票」，即一旦加入新事業單位或新公司就無法返回原單位，將有利發揮「破釜沉舟」的精神。通用汽車成立釷星廠時就是採用這種作法。當初被調到釷星廠的員工——不管是不是工會會員——都被告知萬一釷星廠搞砸了，也不可能回復原職。寶鹼公司（Proctor & Gamble）和幾家矽谷的創投公司成立一家全新、高品質名爲瑞弗瑞特網路公司（Reflect.com）的網路化妝品公司也採用相同的作法。寶鹼公司的員工如果希望回到母公司並不一定會如願以償。單程票可以展現新事業單位員工揮別過去的決心——甚至有些瞧不起過去——而且有足夠的膽識加入新事業。就像釷星廠和威名百貨網路公司一樣，瑞弗瑞特網路公司也是設在遠離寶鹼公司位在俄亥俄州辛辛那提市（Cincinnati）總部的舊金山。

然而，將新事業設在遠離總部的地點未必就是創意的保證。如果總部或是管理單位依然處處掣肘、監視，結果將兩敗俱傷。遙遠外地的員工不但仍須規規矩矩的照章行事，同時還得承受地處遙遠的不便和成爲有名無權的單位。德國的賓士（現稱爲戴姆勒克萊斯勒）就是一例。該公司於一九九五年在矽谷成立研究與科技中心（Research & Technology Center）的目的希望汲取矽谷最新的科技和服務觀念，進而協助戴姆勒-賓士研發新產品。根據史丹福大學研究生的研究報告指出，該中心與矽谷的人才和公司幾乎互不往來，研究員直接聽命於德國的主管從事研發項目。再者，當中心的研究員提出一套不錯的新觀念時，卻無力執行，因爲相較於位在德國的研究單位，該中心毫無權力可言。我最近訪問研究與科技中心的主管後，發現許多問題已經迎刃而解，但他們不諱言指出，最初幾年該中心爲了擁有自主性和創造力的確經過一番苦戰。

萬一成立新公司或新事業單位滯礙難行，可採取另一項「普通」的作法——領導或參與革命性的研發。管理大師蓋瑞・漢默爾對於有意帶領風潮，以更優越的企業實務、營運模式和科技取代落伍舊方法的革命家提供幾項行動綱領參考。漢默爾的觀點類似一般描述如何發動政治運動的著作，就像索魯・亞林斯基（Saul Alinsky）著名的《革命守則》（*Rules for Radicals*）

宣傳手冊。企業和政治革命都是由一群誓言改革之必要的個人或團體所發動的。優秀的革命家以明確和煽動的方式清楚闡述目標並和有勢力的團體結盟，而且密切掌握頑固守舊份子的一舉一動。他們同時拉攏昔日宿敵共同加入，即使做不到也會希望他們保持中立。最後，他們利用小規模的勝利證明他們的新方式的確優於陳腐、守舊的行爲和思考方式。漢默爾經過對IBM一番研究後指出，大衛・葛羅斯曼（David Grossman）和約翰・派翠克（John Patrick）是IBM最早認知網際網路重要性的先驅之一，他們就是利用這些手腕（並利用網際網路本身去執行）發動一場「叛變」，儘管面臨管理高階的重重阻撓，最後還是成功地把IBM轉型成一家「電子商務發電所」（e-business powerhouse）。正如漢默爾所言，「就像異議份子在舊蘇聯內安插暗樁，派翠克和葛羅斯曼利用網路造就一群網路迷，最後終使IBM轉型。」

成功的企業革命未必都需要如此驚天動地。我最欣賞由安娜塔・凱爾（Annette Kyle）率領德克薩斯州海布魯克市（Seabrook）的港灣儲運公司（Bayport Terminal）五十五名員工所進行的一場小型革命。該儲運公司隸屬於赫斯特・塞萊尼斯公司（Hoechst Celanese Corporation）化學集團的一份子，每年利用鐵路、卡車、平底貨船和輪船載運將近三十億磅的化學藥劑。凱爾於一九九四年接任之初，發現內部的作業規章自一九七四年開業以來竟然原封未動，而同期的業務量已成長三倍之多。因此公司的作業毫無效率可言。例如，當準備裝貨的輪船抵達時卻因爲作業員速度緩慢必須等待，塞萊尼斯公司必須支付每小時一萬元美元所謂的「逾期停舶費」（demurrage charges）。這筆費用在一九九四年高達二百五十萬美元。同時，平均必須花三小時的工作才能裝貨上卡車，而業界平均只花不到一小時的時間。此外，該儲運公司長期以來規定工人裝卸化學藥劑時主管必須在場嚴密監督。這些主管墨守成規，就算影響了工作的速度和品質也在所不惜。

凱爾花了一年多的時間引進新的工具，訓練主管和作業員採用更好的方法，而且還試著推動幾十項小型的改革。然而，到了一九九五年底，凱爾和她的管理團隊發現這種循序漸進的改革根本行不通。在參加管理大師湯姆•彼得斯（Tom Peters）一場「哇！」（WOW）研討會後，她和手下同仁決心策劃一場革命性的改革。一九九六年一月三日清晨，儲運公司停工讓所有員工出席一場會議。凱爾當場宣佈並立即執行大刀闊斧的改變。從此刻起，作業員必須自我管理，工作時不再有直屬上司在場監督；原來的監工現在必須擔任「儲運規劃員」，負責規劃物料的流動；至於目標達成的時間表和相關資訊都隨時公佈在大型看板供人查看。她同時把各種不同的項目放進一具棺木象徵告別過去。像是監工的辦公室標示「船隻出現」（Ships Happen）意味著揮別過去要不得的舊有做事態度。

凱爾的革新成效卓著，有目共睹。逾期停船費從一九九五年上半年超過一百萬美元下降到一九九六年同期的不到一萬美元。超過百分之九十的卡車在到達的一小時內就可以裝貨完成。監工和作業員對新作法最初抗拒排斥，不久即改持正面肯定態度。根據南加大（University of Southern California）獨立研究員的評估，這些員工對這些改變感到滿意並且積極參與。凱爾成功改革的動力來自她的威信（和勇氣），而不像IBM的革命家採取串連結盟的方式，但她的手段也是成功革命家慣用的有效手法。她明確知道需要改變的項目和改變的理由，然後以果斷和煽動的方式清楚地闡明目標。凱爾在改變監工和作業員的工作內容之前，已經和他們共事將近一年。他們知道凱爾對工作瞭若指掌，所以很快成爲她最堅定的盟友。同時，她因爲擔心大權在握的管理高層從中阻撓，於是將其矇在鼓裡以保持中立，只有直屬上司曉得這項計劃。同時她也利用初期的成功來說服公司其他同仁，這套新作法遠優於港灣儲運公司行之多年、一成不變的慣例。

揮別過去還有最後一招傳統手法。ＩＢＭ和港灣儲運公司採激烈的革命手法揮別過去，但組織隨時都可以透過較溫和及循序漸進的方式進行改變。企業可以採取一些公認有效的手法讓員工了解墨守成規、心不焉的作法是創新的絆腳石，藉此鼓勵員工求新求變。例如，有些公司的員工處心積慮的追捕和消弭「聖牛」(sacred cows)——即欠缺效率而且過時無用的思考和行爲方式，但大家不是從未想到要追捕聖牛，不然就是擔心業務因此中斷或需要大幅的改變。我知道有家公司採用既有趣又便宜的方案追捕公司的聖牛。這位執行總裁替所有的主管買隻黑白相間的乳牛玩偶，然後告訴每個人說，「誰要是捍衛聖牛就砸誰。」公司的一位經理告訴我，「我們被比尼娃娃逗得咯咯笑，它幫助我們拋開一些愚蠢的作法。」

Pillsbury，Madison，Sutro 律師事務所（現改稱 Pillsbury Winthrop 律師事務所）是一家位於舊金山，有一百二十五年歷史的法律事務所。過去老式的作風和經營模式曾爲事務所帶來風光的歲月，但現在卻因爲資訊革命而顯得落伍。事務所的董事長瑪利・格蘭史東（Mary

Cranston）和管理合夥人馬利納・派克（Marina Park）爲揮別過去而採取雷厲風行的手段掃除聖牛。一九九九年初，公司成立一支「聖牛任務小組」，專門找出阻撓改變和浪費金錢的壞習慣。任務小組的成員一共抓出一百多隻聖牛，並且指派特定的律師和行政主管負責淸除，定期回報進度。公司還在移地訓練時邀請《聖牛是最好的肉餅餡》（*Sacred Cows Make the Best Burgers*）一書的作者羅伯特・凱格（Robert Kriegel）發表演說，再度宣示公司剷除聖牛的決心。

任務小組發現各地辦事處向委託人收費和催收逾期款的程序不但繁雜，而且各自爲政，許多聖牛就藏身其中。許多資深的合夥人堅持應該維持地方的自主性，因爲委託人如果收到與個人無關的帳單必然勃然大怒。任務小組不顧這些反對意見，還是推動一套簡單、集中化的制度處理這些例行工作。但爲保持原先的個人隱密，每封帳單還是由負責的律師以私人名義寄出，和以往沒有什麼兩樣。結果，客戶付款的時間由原先平均的四・五個月縮短到三・二個月，而且降低相關人力成本達百分之二十五以上（爲公司增加數百萬元的盈餘）。許多原先反對最力的合夥人現在也認同新制的優越性，因爲委託人對帳單的疑點能更快得到回應，逾期款項的催收更有效率——當然合夥人的收入也增加了。這支任務小組的功能和豐田生產制度（Toyota Production System）的動腦會議雷同，都是藉由不同的新觀念和新角度看舊問題，改善例行工作。這家事務所由於帳務系統的改革和其它大大小小的改善，根據《美國律師》（*American Lawyer*）雜誌一九九九年針對前一百大法律事務所的排名調查顯示，Pillsbury，

Madison，Sutro法律事務所每位合夥人的收入增加百分之四十四·二，在一百大事務所中增幅名列第四。

奇招第十一式：揮別成功過去的常用方式

- 設立新公司。
- 設立新的事業單位，最好能選擇新地點。
- 給加入新公司或事業單位的同仁一張「單程票」。
- 在公司內進行「革命性的改變」。
- 利用任務小組、研討會和全公司的會議進行全面、漸進式的改變。
- 鼓勵同仁對於所謂最佳營運模式、企業規範和技術要有懷疑批判的精神。

揮別成功過去的奇招妙式

前面所提揮別過去的方法不但有完整的理論和證據，並且獲得大家的認可和採用。但本書談的是發揮功效的奇招妙式，而不是一般的招式。所以容我再提供一些怪點子，讓公司廣納多元知識並促使員工不斷從老舊方法中發現新事物。我之前建議一些怪點子可以避免公司陷入過去的失敗經驗無法翻身。例如，第三章提到，如果你希望員工不受過去的影響，就應該雇用並保護一些學習遲緩兒，因為這批人並不想學習也不在乎組織或產業的過去。你也應該像網羅諾貝爾獎得主蓋瑞・穆里斯這種員工，他「花了一年半的時間到處宣揚PCR的重要性，但大家都當成耳邊風。」他們不管過去，只關心自己認爲對的事情。你也不會希望員工異口同聲堅持同樣的一件事，因爲就像第八章所說的，你期待的是員工在觀念上針鋒相對、爭論不休。尤其，你希望大家爭辯現有的做事方法是否過時落伍，讓每位員工隨時謹記自己在做什麼和爲什麼要這麼做。你希望員工像未來學家喬治・基爾德（George Gilder）一樣，擔心一旦沒有人對他提出異議時，可能表示他的思考並沒有領先多少。

還有其它怪異但有效的招式可以避免公司陷入過去的泥淖裡。最有效的一招是定期輪調，讓員工脫離現有勝任、安適的工作，並指派非其所長且感覺不自在的工作。定期輪調可以強迫員工隨時全神貫注，不斷學習新事物，並以新的角度看待相同的老問題。然而，這個點子不可以做得太過份；例如，我可不希望第一次的心臟手術由缺乏經驗的醫生執刀。同時這種方法也欠缺效率，因爲員工學習新事物不但需要時間，也可能在初期錯誤百出。但許多公司的領導人都證實，這種大風吹的遊戲是激發創意的絕招。

舉個例子來說。在澳洲有一家超過四十年歷史，首屈一指開發房地產的Lend Lease房地產投資公司（Lend Lease Corporation）。該公司的員工定期輪調不同的職務，讓他們不斷的學習，覺得不自在，並讓資深主管了解員工所能勝任——或不能勝任——的工作。一九九七年的某一天，在董事長史塔特・霍尼（Stuart Horney）主持一場大刀闊斧組織重整會議上，彼得・史考特（Peter Scott）被請了進去。會中每位資深經理都被指派一個新的職務，因爲正如霍尼所言：我們需要重新定位，所以最好來個大搬風。」史考特原先是一項重大專案的負責人，他的新職是負責所有的重大專案。不到一年，他又被調到另一項職務。Lend Lease 公司這種作法是經過精心安排的，他們稱之爲「搖擺的職業」（Careening careers）。史考特說，「這樣讓人充滿活力——但也讓人疑慮不安，因爲你總是被人從最感舒適的地方推了出去。」二十八歲的蘇珊·麥可唐納（Susan McDonald）在公司已經換過七個不同的職務。她補充道，「這裡基本的作業程序是員工不靠職稱，職位，也不靠有前例可循。全靠想法……這眞是讓人渾身是勁——也讓人覺得殘忍。員工不是樂於爲公司賣命就是恨之入骨。」

之前提到的全球性獨立發電廠ＡＥＳ也是採取類似的作法。該公司刻意採用一些管理規則來確認員工能夠時時刻刻牢記自己在做什麼和爲什麼這麼做。公司採取高度分權原則，也沒有人力資源部或環境承諾部門。公司的創辦人之一和執行總裁丹尼斯·巴克認爲，公司之所以創造力十足和獲利豐厚的原因之一在於不斷賦予員工新的工作，有些甚至是他們從未受過訓練或做過的事。ＡＥＳ資深員工定期在不同的部門輪調，而新人則被指派從未做過的工作。例如，工程師保羅·柏狄克（Paul Burdick）剛進入公司的第一項工作是「簽訂一份十億美元的購煤合約」，但他之前對這項任務一無所知，花了好幾個星期用電話和公司內內外外的人連絡，學習最好的處理方式。因爲ＡＥＳ採分權制度，員工不得不經常在工作上學習和做些新事物，但從不抱怨缺乏訓練或不是份內的工作；因爲會這樣抱怨的人一開始就不會被錄取。他們只能自己想出辦法去解決問題，因爲沒有人力資源部可供諮詢，也沒有所謂的ＡＥ

S大學。如果一群員工想學點新東西，就得自己找人開班授課。有些任務或許由熟練的人來做會比較快，但柏狄克堅信讓員工嘗試新工作是公司致勝的關鍵，因爲「當你凡事要規章、制度化，就會虛耗生命。當你詳細規範做事的規則或流程時，就不會再有人提問題——像是爲什麼要這樣做之類的問題。」

另一種類似的作法是不僅讓員工輪調，同時工作團體也要經常解散重組。團隊很容易陷入過去的泥淖，尤其當彼此感情良好、無話不談時就會開始形成小團體，忽略外人的存在。瑞爾夫·凱茲（Ralph Katz）和同事針對五十個研發團隊的研究調查後發現，研發團隊成立的最初幾年的創意數量增加，但經過三、四年，團隊的創意產出已達高峰，隨後產量下滑。

冥冥中彷彿有妖怪作祟，每個團隊選擇最有效的溝通方式，然後隨著團隊成員平均任職年資的增加而逐漸衰退。研發團隊成員自外於組織內外的同事，而技術服務團隊間則互不往來。

凱茲和同事指出，團隊這種創意低落的原因在於時間一久，團隊會把焦點完全集中在本身觀念的優點，而把團體以外和競爭對手的想法貶得一文不值。這就是所謂「非此發明症侯群」（Not-Invented-Here Syndrome）。第一章曾解釋這種症侯群發生的原因。回想一下，一旦行爲演變成根深蒂固和無意識的動作時，就會積習難改。而且「曝光效應」的研究也指出人們對於熟悉的事物有正面的反應，而對於陌生的事物則是負面的。一個團體聚集的時間越長，這種力量就越強。當成員對團體發生的一切越來越熟悉，對外人所做的一切就比較陌生或缺乏興趣。時間一久，將逐漸耗盡所有的動機、嘗試和學習的精神，而團隊中竟無一人察覺這些改變正悄悄的進行中。更糟的是，我發現團體成員共事的時間一久，就會浪費更多的時間談論工作以外的閒事——家庭、運動和嗜好等等——而討論正事的時間越來越短。最後，他們不會把心思放在工作上，他們認定團隊成員個個才能出眾，沒有必要浪費時間和外人討論，這樣便有充裕的時間和同事閒聊談天！

凱茲建議這種長年共事的團體應該仿傚 Lend Lease 房地產投資公司和AES進行大風吹。他認爲注入新血輪和新觀念可強迫團體以新方式看待老問題。他建議要避免老團隊創造力銳減最妥當的方法就是定期解散，在團體老化之前讓其滅亡。丹麥的奧迪康公司（Oticon Corporation）是全球屬一屬二的助聽器製造大廠，就是採用這種方式。當拉斯・康林德（Lars Kolind）在一九八〇年代後期接管時，公司正陷入嚴重的財務危機。當時奧迪康公司因爲趕不上競爭對手產品推陳出新的速度，因而虧損連連。康林德於是宣佈將立刻著手重大的改革，讓人想起凱爾在港灣儲運公司領導的一場革命。康林德認爲問題的癥結之一在於——誠如凱茲研究所預測的——員工在同一單位共事太久了，以至於不再思考自己的所作所學，導致創造力停滯不前。康林德的改變之一就是主要的工作單位改以專案爲考量而不是以部門劃分，而且團隊將不斷的解散重組。

即使如此大刀闊斧的變革，康林德發現產品研發團隊有時還是積習難改。例如，他在一九九五年十二月發現公司的同仁花了整整一年的時間想著發展一系列的數位助聽器，但「這種生產力的下降代表長期共事的專案團隊對於部門迫在眉睫的危險視若無睹。」康林德當下的反應是：「徹底打散組織。」他命令所有團隊立即解散，並且按照時間面（time horizon）而不是功能成立新團隊。康林德說，「簡直天下大亂，一百多名員工在三小時內調職。爲保持公司的活力，管理高階的工作之一就是讓公司不斷的改變。」

我對於揮別過去有一項最奇特的建議：以隨機的程序產生和挑選各種決策替代方案。按照傳統的決策流程，員工必須大費周章的比較備選方案的優劣點，有時候跳過這種決策流程反而有意外的好處。從班傑明．法蘭克林（Benjamin Franklin）到當代決策理論家都指出，把一個複雜的問題抽絲剝繭爲細項，則比較容易了解問題的來龍去脈並做出明智的決定。正如一位研究員所說，「所謂決策理論和決策分析描述的是一堆學理上的公式；最常見的方法就是做決策時最好要周延、客觀和深思熟慮。」這些方法雖然有效，但有項嚴重的缺陷：研究指出，儘管員工努力地拋開過去經驗的影響，但是許多不合理的偏見、個人的偏好和種種成見仍會左右最後的決策。由於偏見左右了決策的種種因素，所以最後脫穎而出的不是最好的方案，而是次佳方案。

如果採用隨機方式選擇方案，就不會掉入過去成功的陷阱。過去科學界一些驚人的突破都是意外或「錯誤」所造成，因此隨機的行爲應該可以產生突破性的創新。就以大家耳熟能詳的盤尼西林（penicillin）爲例。大家都把盤尼西林的發現歸功於亞歷山大・佛雷明（Alexander Fleming）於一九二八年首度發現一種可以抑制細菌成長的黴菌。其實這是一項長達五十多年一系列的意外觀察結果。早在一八七四年，威廉・羅伯茲（William Roberts）就已經發現所培養的盤尼西林黴菌並未受到細菌感染的跡象。意外事件一直是科學界突破性發展的重要因素。二〇〇〇年諾貝爾化學獎得主的成就得回溯到一九七〇年代初期，當時日本白川英樹（Hideki Shirakawa）實驗室的一位研究員「聽錯他的指命，而提高一千倍的觸媒劑量以做化學反應。結果產生由各種型式、聚乙炔化合物組合而成的銀色薄膜。」白川英樹從這項錯誤中得到啓發，於是連同亞倫・麥克迪米德（Alan MacDiarmid）和亞倫黑格（Alan Heeger）共同創造一種可導電的塑膠，於是開啓了碳基電子學（carbon-based electronics）的重要新領域。

從這些例子可以發現，意外事件可以擴展科學家的靈感來源，帶來豐富的創意。但這些意外並不是刻意造成的。我建議公司應該更積極些。除了從意外事件中觀察學習之外，還應該故意採用一些隨機的程序創造更寬廣和豐富並且可供繼續探索的新機會。我從密西根大學的卡爾・威克（Karl Weick）的身上得到這個啓發：

> 我最欣賞的團體智慧是納斯卡比印第安人（Naskapi Indians）利用馴鹿肩骨指引方向的儀式。他們把骨頭放在火上頭烤，骨頭裂開後就按照裂開指引的方向狩獵。這是很有用的儀式，因爲結果完全不受過去狩獵結果的影響。

有些公司也是採用類似的邏輯決定未來發展方向。前幾章所提到的軟體公司 Reactivity 定期舉辦腦力激盪會議，討論有關新科技、新產品和新公司的構想。二〇〇〇年的夏天，Reactivity 公司的軟體設計師吉瑞米‧亨雷克生（Jeremy Henrickson）、葛拉翰‧米勒（Graham Miller）和比爾‧華克（Bill Walker）擔心午餐會討論的議題可能過於狹隘，尤其 Napster 案佔據大部份的討論時間。於是想出一套和納斯卡比印第安人相同的隨機選擇方法。華克主持的會議率先採用這套作法。每當餐會三十個左右的人吃著披薩時，他要求每個人在一張卡片寫上一種科技或產業的名稱，然後將其歸類爲各十五張的兩堆卡片。一堆是產業別的卡片（例如，運輸、造船、家庭看護、休閒航海、殯葬業。心理醫療和家用品業），而另一堆是技術類的卡片（例如無線通訊設備、全球定位系統、風險分析、人工智慧和協同過濾科技（Collaborative filtering）。華克把每副卡片重新洗牌後，挑選每副卡片最上面的兩張卡片隨機配對。然後大家根據隨機配對的組合動腦討論該如何發展產品和公司：家庭看護和無線通訊設備、造船業和風險分析、運輸和人工智慧、心理醫療和影像處理。每一組議題的動腦時間限定爲五分鐘。

Reactivity 公司和納斯卡比印第安人的方法另有一點雷同之處。納斯卡比印第安人以隨機的方式指引狩獵的方向，但應該依循哪一條隨機路線則靠獵人過去的經驗。威克認爲這是正確的態度。

當獵人眼前呈現一幅全新龜裂的圖形時，過去的經驗就失去價值。但過去仍有一定的價值，因爲「閱讀」這些裂痕的老獵人會根據過去的經驗解讀裂痕代表的意義。解讀者責任重大。如果解讀者憑直覺判讀，那麼隨機的方法就失效。如果以裂痕爲依歸，那麼經驗就無用武之地。

同樣地，華克和資深工程師判斷哪些隨機的配對過於牽強不值得花時間動腦討論（例如，殯葬業和ＸＭＬ，ＸＭＬ是追蹤結構性資訊的一種電腦程式語言）和哪些又值得進一步的細究。許多小組會自告奮勇針對一些大有可爲的點子進行研究，然後在下一次的會議提出報告。例如，造船業和風險管理的關係就激發許多即時動態風險管理的想法，這對於訂定各行各業的保險費率極有價值，而且並不只限於船運業。葛拉翰・米勒強調，爲了讓這套作法發揮作用，當一些配對乍看之下所引起的「訕笑時，你必須有些本事才能應付。」然而，他們很訝異才在幾分鐘以前看起來愚不可及的配對，一旦動腦討論後，竟然也激盪出幾個不錯的點子。事實上，會後許多人繼續針對會場上認爲不值得動腦的餿點子再三思考。卡梅拉・克蘭茲（Carmela Krantz）就提出，ＸＭＬ和殯葬業的關係並不如想像中的可笑。她注意到每年有成千上萬客死異鄉的人，移地安葬時遺體需要運送，所以ＸＭＬ可以用來追蹤遺體運送的地點和進度。

葛拉翰・米勒認爲這套作法「讓我們擺脫故步自封的思考」和「教育我們還有一大堆不

了解的產業需要學習。」比爾・華克補充說，「我們已經好幾個星期沒有討論 Napsters 了。」儘管動腦想出的點子迄今沒有一項落實成為 Reactivity 的新產品、新客戶服務或新公司，但隨機配對的作法符合華克對「營造會議內正確的氣氛」和「讓大家對一些新想法感到興奮」二項目標的期待。亨雷克生還說，這套作法幫助員工以長期的眼光看待 Reactivity 所做和該做的事情。

Reactivity 的員工也利用隨機的好處改善其它漫不經心的行為。他們認為矽谷辦公室五十五名左右的員工花太多時間和鄰座的同事討論，而疏於和其它同事交談。為了鼓勵員工交流意見並避免閉門造車，於是將員工隨機分配到四個不同的區，而專案或團隊則是原封不動的搬到新的區域，這不同於奧迪康公司的康林德完全打散的作法。四塊區域個別容納兩個專案團隊和二到三個獨立的員工。每個人抽取一到三十的號碼牌，每一個號碼代表是整組搬移的專案團隊或是單槍匹馬的個人。抽到較小號碼的人有優先選擇搬移區域的權力，當各區域逐漸塡滿時，後面的選擇性便少了。所以，這種作法既給員工選擇座位的權利又保持專案團隊的完整性（但選擇的過程中引進很大的隨機成份），如此一來，便能兼顧隨機和經驗傳承的優點，不會失之偏頗。

這件事最讓人稱奇的是，儘管幾乎全員搬移，但從抽號碼牌確定新區域到每人坐定位全程大約只花一小時的時間。然後再花大約一天的時間把原電話線遷到個人的座位。這些動作能在一夕之間完成是因為 Reactivity 是開放式的辦公環境，桌椅都裝有輪子，用的是配有高速無線數據機的膝上型電腦，而且沒有太多的書籍和紙張。剛開始時，員工對這種作法還有點擔心害怕。但這種「大勝利」(huge win) 作法產生新的溝通和觀念，帶來新鮮刺激感，所以，他們決定每六個月左右就來個大搬風。誠如華克所言，「採用隨機的方式，讓這裡的每一個人都對改變習以爲常，不以爲苦。」

澳洲的哈斯蘭 (S. Alexander Haslam) 和同僚進行幾項試驗，再度證明這種隨機決策的好處。他們先把問題解決小組 (三到五個人) 分成兩組觀察，其中一組由組員自行推舉組長，另一組則隨機指派 (例如按名字字母的先或後排序)，然後比較這兩組人的績效。這項試驗共有九十一個小組，分別就和團體決策過程相關密切的三個議題中的一項進行研究，這三個議題是：「寒冬求生任務」、「沙漠求生任務」或「輻射性落塵求生任務」。這些由大學生組成的小組必須針對特定任務發展並評估一套有用的策略，然後出專家評比給分。實驗證明，隨機指派組長團隊的表現明顯優於自行挑選組長的表現。自行挑選組長的程序可能是採用「隨便，只要認爲合適」這種非正式的程序；或是成員根據成功領導人必備的管理技能項目完成十個自我評估測驗後，由得分最高的正式出任組長。結果，不管是採用正式或非正式的方式挑選組長，兩者之間的表現無分軒輊，但都不如隨機挑選組長的團隊。

哈斯蘭和其同事認爲，挑選組長的過程將把注意力擺在團隊成員的差異性，這會破壞團隊之間的認同感和使命感，造成表現欠佳。這些團隊不去思考如何集思廣益解決問題，或抱著「團結則勝、分裂則敗」的心態，心中老想著和任務無關的差異性，像是 (爲甚麼) 誰在團隊中較有威望。我的看法也是如此。我另有補充，被任命擔任組長的人通常——不自主的——強烈貫徹個人的意志，因而扼殺團隊成員認眞思考的各種想法。然而這些研究員承認，這只是針對這些發現提出可能的解釋，而且也不諱言指出，如果就其它任務而言，隨機挑選領導人的方式可能就不如有系統化程序的團體。但這發現仍然引人深思，因爲他強迫我們——業者和研究員——以新的方式看待老問題，激起「識相曾識」的心態，並提醒我們有時候認定領導人的必備條件是錯誤的。

在現實的世界中，我還不知有哪個團隊或公司在決定發展方向或挑選領導人時，故意完全採用隨機的方式。但有項明確的證據顯示，隨機決策的成果比起其它決策過程毫不遜色——甚至有過之而無不及：股市投資。普林斯頓大學的經濟學家柏頓・馬凱爾（Burton Malkiel）認爲在華爾街到處「閒逛」（random walk）的投資人的表現和聽從專家建議買賣股票的人的表現不相上下，而且通常還比較好。這番話觸怒了股市分析師和那些自認可以辨別賺錢和賠錢股票的投資人。

所謂閒逛就是沒有根據過去的表現預測下一步或方向。把這個術語套用在股市上，就是指股價短期的變動是難以捉摸的。投資顧問的建議、盈餘的預測和複雜的圖表分析全都派不上用場。對華爾街來說，「閒逛」是個褻瀆的字眼，是學術界創造的汚蔑之詞，對於專業的預言家是項侮辱。用極端的例子來說，就是一隻矇著眼的猴子對著報紙的金融版射飛標挑出的投資組合可能和由專家精挑細選的結果不相上下。

馬凱爾還對華爾街和學者提出若干批評。但他的著作第一版發行至今已近三十年，而他認爲指數基金的長期投資表現最佳的看法，也得到許多研究的支持。他認爲就整個股市而言，專業股票分析師的表現比一個「閒逛」的人高明不了許多——通常還差一大截，這個論調依然得到許多實證支持。馬凱爾對他的發現提出一項解釋：過去成功的選股策略很快就落伍，以至於過去選股的成功經驗對現在的決策發揮不了指引的作用。舉例來說，當初預測納斯達克指數（NASDAQ）在一九九九年狂飆的榮景可以持續到二〇〇〇年的投資分析師，現在個個搞得灰頭土臉。

揮別成功的過去——尤其最近的過去——的最後一招是「回到未來」法（back-to-the-future），也就是要求員工回顧做事的老方法讓公司開創新局。你不再鼓勵員工向前看或模仿對手，而是鼓勵大家回顧公司過去風光的時代。這是很有效的一招，因爲老員工不會被要求忽略或貶低自己的過去、身份或技能；相反地，他們被要求回到一個被遺忘的年代並採取最有效的作爲。這是很高明的策略，因爲許多公司對未來迷失方向，如果能夠回顧早期造就風光歲月的企業實務和營運模式，或許就能東山再起。「回到未來」之所以高明的另一個原因是，儘管過去無法改變，但可以鑑往知來，將過去的經驗做爲現在策略的參考。

剖析事件是領導人無可迴避的責任。威克主張老練的領導人「應該深入環環相扣組織中盤根交錯的雜事，然後主動提供解決之道。」事實上，威克認爲領導人最重要的工作不是決策，而是剖析事情藉以激發對組織有利的意見和行動。領導學的權威華倫・班尼斯說：

領導人的目標不只是解釋或釐清事情，還得賦予有意義的解讀。就以我最喜歡的一則棒球笑話爲例：季後賽一場關鍵比賽的第九局，打者面對兩好三壞的球賽，主審面對下一球遲疑許久還未宣判好壞。打者氣得跺腳道：「是好球還是壞球？」主審不甘示弱的回頭，「在我宣判之前，它什麼都不是！」

對於有心改變的領導人來說，「回到未來」這招特別管用，因爲他們對於過去的歷史有莫大的解讀空間。由於公司不免人員流動，所以聆聽過去歷史的聽眾絕大部份不是經歷美好舊時代的員工，例如惠普科技給股東的二〇〇〇年年報中就提到，公司現有八萬九千名員工中有百分之五十的年資不到五年。而不管惠普或其它公司的員工都患有嚴重的選擇性記憶。人類的記憶實在很糟；不管一個人對自己的記憶力多麼的有自信，我們總會遺忘和極力扭曲對過往事件、眞相、人物或感覺的記憶。這種所謂的「波莉雅納效應」（Pollyanna effect）是有證據的：人們對正面的經驗和資料比較容易記住，負面的則容易遺忘。人們總是渲染誇大過去曾有的快樂時光。這種掉入愉快回憶的傾向，更容易說服老員工回到過去。同時也更容易請他們出馬說服其他未曾經歷過去時光的員工相信回到未來是件何等美好的事，因爲他們記住的就是這些事。

不僅如此，因爲人類是如此的選擇性記憶而且健忘，一位能言善道的領導人便能根據他對公司未來方向的規劃，選擇性的強調公司歷史的某些部份，而忽略（或甚至詆毀）和未來方向不一致的部份。領導人的記憶和常人一樣有偏差，而且解釋過去歷史也未必坦言以對，所以也不必期待他們的解釋百分之百的正確。其實，對領導人和公司而言，正確未必是最重要的事。不管好壞，領導人是被請來做對公司最有利的事，而人類記憶的妙處，剛好方便用來說服員工回到從未發生的過去，這比說服他們去嘗試新鮮和陌生的事件容易多了。

當費奧莉納於一九九九年七月接任惠普科技執行總裁一職時，公司瀕臨成爲「一家暮氣沈沈、過氣的公司，跟不上網際網路時代的腳步。」於是她採用「回到未來」的類似手法燃起惠普公司的活力。我在《經濟學人》（*Economist*）雜誌有關卡莉・費奧莉納的文章中第一次看到「回到未來策略」(back-to-the-future strategy) 一詞。惠普公司是比爾・惠列特 (Bill Hewlett) 和大衛・普克德（David Packard）於一九四〇年代在帕洛奧圖市的車庫中創立，並且家喻戶曉。該公司多年來一直保有創造力和企業精神，但近年來由於決策過程耗時、官僚作風、勾心鬥角，內部因缺乏一致的方針或策略而江河日下。一位惠普公司前任經理描述公司在最低潮的時候，員工大言不慚的談到如何「惡意曲從」（malicious compliance）而不是傳統「據理力爭」（enlightened defiance）。對照當初查克・郝斯（Chuck House）因爲做了對惠普最有利的事，雖然拂逆普克德的命令，還是獲頒「叛逆獎」（award of defiance），但到了一九九〇年代中期，惠普公司一些資深的經理明知有些規定對公司不利，還是依命行事。他們稱此爲「惡意曲從」，因爲他們抱持幸災樂禍的心態，等著看差勁的決策或不良的流程究竟會有多糟的後果。

費奧莉納上任執行總裁的第一年即努力不懈以貫徹她「最好的保存下來」(preserve the best) 和「其它的再創新」(reinvent the rest) 的承諾。她提醒惠普科技的員工，創辦人惠列特和普克德都是決策明快，行動果決的人。費奧莉納是新「車庫守則」(Rules of the Garage) 的主要執筆人之一，說的都是惠普科技早期經營的點點滴滴。這十條守則包括「激進的想法不是壞點子」，「工作要快，工具隨時準備好，隨時工作」和「沒有經營策略，沒有官僚作風（這在車庫很荒謬）」最後，他們以現在惠普公司隨處可見的一個字標語做爲結語——創新。「回到未來」也成爲惠普科技招募員工的主題廣告。有一張海報上頭有惠列特和普克德站在原車庫前的合照，並問有意的應徵者：「你具有惠列特和普克德的特質嗎？簡單說，你是位創新者嗎？創造全新的惠普。想加入嗎？」坦白說，我相信惠普科技對於「車庫守則」是否眞的恪遵公司早年的精神並不在乎。不管這些規則出自何人之手，都是費奧莉納和其他主管認爲應該遵守的。眞正要緊的是，這些解釋能否激勵惠普科技員工擺脫公司近年來的陰霾。

吉列 (Gillette) 刮鬍刀在一九八〇年代末期的轉型成功也得歸功「回到未來」的策略和經營方向的改變，而一手促成這些轉變的正是吉列公司的老員工，他們不假求顧問、新高級主管、或大量注入新血輪。吉列公司刮鬍刀的品質一向有口皆碑，消費者願意付出較高的價格，所以吉列的利潤和營業額一直都是業界的翹楚。但到了一九八〇年代後期，吉列公司將重心擺在拋棄式刮鬍刀，於是加入「商品混戰」（commodity hell），它的產品「基本上和其它競爭者大同小異」，而要提高市場佔有率只有走上削價競爭一途。

一九八七年，當時吉列公司北美集團（North American Group）的總裁約翰·塞門斯（John Symons）斷然推動回到過去的策略，也就是未來的吉列公司應該沿襲過去的路線。有一次，一位主管帶著藍色的「好消息」（Good News）拋棄式刮鬍刀做簡報時，塞門斯當場勃然大怒，「這位主管還未開口，塞門斯就把他帶來的一袋拋棄式刮鬍刀拿來扔在地上，狠狠的用腳踩碎。」塞門斯氣著說：「這就是我對拋棄式刮鬍刀的看法。」吉列公司於是走回頭路，專心研發生產高利潤的創新產品，後來推出的感應式刮鬍刀（Sensor）一炮而紅。不久之前，他們在英格蘭的雷汀（Reading）研究發展實驗室進行長達七年、耗資七億五千萬美元研發鋒速三號（Mach 3），並在一九九九年七月上市。鋒速三號推出後旋即造成轟動，但吉列公司並不就此志得意滿。他們已經有接棒的產品正整裝上路。

奇招第十一式：揮別成功過去的怪招

- 雇用和留住對組織規章的「學習遲緩兒」。
- 拋開記憶中的老方法，揮別過去並引進對美好舊時代一無所知的新人。
- 回憶自己和其它公司的過去，但要把它當成一則警世故事，告訴員工哪些掉入成功陷阱的公司因為錯誤和失敗而吃足苦頭。

・鼓勵員工挑戰、質疑現有的規章和作法是否落伍過時。
・指派員工從事非其所長的工作。
・解散長期共事的團體，尤其當這些成員花太多時間彼此交談而且相處融洽。
・以隨機的程序產生和選擇各項替代方案，取代分析各項方案優缺點的傳統方法。
・定期變換工作的外在環境，包括工作的場所、工作的夥伴和所見所聞的內容。
・採用「回到未來」策略，讓員工相信過去的時代是美好的，從而鼓勵員工重拾過去的精神開創新局面。

第三部
工作上的應用

15
打造創新與生活結合的公司

3M 公司前研究和發展部門的主管柯恩說，
有位人力資源部的經理曾經因爲有位科學家坐在椅子上打盹，
而威脅將他開除。
柯恩把這位人力資源部的經理帶到 3M 公司的「專利牆」前面，
告訴他這位打盹的科學家替 3M 研發許多賺錢的產品。
柯恩建議他，「下次看到他睡著了，給他一顆枕頭。」
遺憾的是，不是每個高級主管都這麼明理。

提到創新，多數主管都會不加思索的說，創新不同於例行公事，一定要有截然不同的作法。甚至對我所提的奇招妙式的反應是，「本來就該這麼做，一點也不足為奇。」然而，也有主管打從心裡就不贊成，他們認為書中激發創意的手法荒誕不經，甚至大錯特錯。而且把只適用於例行工作的實務當成放諸四海皆準，各行各業在任何時候都適用的準則。於是，經常無意間扼殺創意而不自知。

不但最優秀的主管和公司有這種心態，連新興企業和老字號的公司一樣容易陷入傳統的思維。最常見的情景是剛成立不久的公司常有許多好點子，一旦業績成長到一定規模就需要「紀律」，或像一些創投資本家所說，「是該有大人來管管的時候了。」這表示有部分的公司—有時候是絕大部分—從此就淪為例行工作的組織編制。像會計、銷售和人力資源、管理這類的工作還是可以有創新的手法。但是當新興企業引進「專業管理」，例行公事化就在所難免。畢竟，試行未獲採認的會計實務可能增加新公司出錯的機會。然而，當「大人」成熟的實務蔓延到創意工作時，問題就來了。雖然這些主管立意良善，卻可能無意間摧毀原本讓公司蓬勃發展的創意。

就以一九八〇年代中期蓮花軟體開發公司（Lotus Development Corporation）為例。蓮花軟體（現已成為IBM的附屬公司）是米契爾・凱普（Mitchell Kapor）和喬納森・薩奇（Jonathan Sachs）在一九八二年成立的。該公司第一項產品是凱普和薩奇針對提升企業生產效率而設計的Lotus 1-2-3。業界觀察家認為IBM個人電腦在一九八〇年代中期暢銷熱賣，這項「殺手級應用」（Killer app）功不可沒。Lotus 1-2-3 的營業額從一九八二年的五千三百萬美元竄升到一九八四年的一億五千六百萬美元，因此迫切需要一位經驗豐富的專業經理人。於是麥肯錫公司的顧問詹姆士・曼茲（James Manzi）於一九八四年入主公司擔任總裁，並於一九八五年出任執行總裁。曼茲沿襲財星五百大企業的作業規範，制定許多市場和行銷作業規定，爲公司創造可觀的利潤。但他的行銷主管和業務員大都是來自ＩＢＭ的班底。許多早期的員工對於業務人員薪資和其它福利待遇覺得很不公平，他們認爲 Lotus 1-2-3 熱賣搶手，業務人員只不過搭順風車，負責接訂單而已。

蓮花軟體開發的盈收依然亮麗，但在新產品的研發上開始遭遇瓶頸。部分的問題出在原本只適用於例行工作的管理手法卻推行到整個公司。到了一九八五年左右，公司的員工已經突破一千人，許多老員工覺得自己已經和蓮花軟體格格不入。有些純粹是無法勝任，但更多的是有創造力的員工在公司找不到立足之地，而且認爲自己的技能不受重視。多數的新進員工都是「大公司模子」鑄造出來的，許多人都曾待過可口可樂和寶鹼這類大公司，然後再取得商學碩士學位。一位失望的老員工形容他們是「從未創造任何產品或樹立企業精神的一群乏味的人。」

一九八五年，凱普（當時的董事長）和卡萊恩（Freada Klein，當時組織發展和訓練部門的主管）決心嘗試一項試驗。卡萊恩在凱普的同意下，抽出公司前四十名員工的履歷表，然後稍作修改，一般只是更換員工的姓名。而凱普本人的履歷則做較大幅度的更改，因爲他以前是知名的音樂節目主持人和超覺靜坐（transcendental meditation）的講師。有些被更改資料後的員工還是有工作上的技術和管理技能，但也做過一些「古怪和危險的事情」。有的曾經是社區幹部、臨床心理學家和超覺靜坐的講師（不只有凱普），有的人還住在佛堂。

結果這四十名應徵者全部沒有面試機會。凱普和克萊恩認爲這是蓮花公司不知不覺淘汰創意人的一種徵兆，而且種種跡象顯示他們的看法是正確的。公司自推出Lotus 1-2-3後，唯一創新的熱賣產品是Lotus Notes，這是在距離總部二十哩遠的地點發展的，正如克萊恩所說的「這樣團隊才不會被狹隘的蓮花文化所綁手綁腳。」蓮花的確需要傑出的市場和行銷部門，才能把創意轉換成盈餘。然而，這些改變隨之而來的狹隘性卻像是一把雙刃的利劍。一旦公司的規範是用來淘汰（和排擠）想法天馬行空和以不同角度看事情的員工時，就很難冀望新點子的產生。凱普和卡萊恩的實驗說明了，即使一家像蓮花這樣優秀的公司，也要隨時把如何激發創意的作法放在心上。否則，公司就會出現思考和行爲大同小異的複製品，彷彿未來是和過去一模一樣，而採取一成不變的作法。

奇招妙式在工作上的應用

我最後提出九條運用這些怪招的指導方針，你最好能舉一反三發明自己的奇怪——和不那麼奇怪——的想法，來繼續維持創新。你可以利用這些方針建立一個不斷開發新點子的團隊或公司，並利用創意來創造利潤。或者，如果你的團隊做的是例行公事，也可以偶而利用這些手法，讓事情來點變化，讓員工去想像和嘗試全新的行爲和思考方式。

有時候最佳的管理就是沒有管理

領導創新需要一點放任的手腕，或完全袖手旁觀。我們都見過一些最有創造力的公司領導人，期待和鼓勵所謂的屬下漠視和反抗他們。他們有的形成政策，像3M公司的百分之十五原則和康寧公司的「周末午後的實驗」都希望員工能相信自己的直覺行事，即使老闆認爲這些直覺是錯誤的也不會加以制止。然而，許多經理人還是很難讓自己「用袖手旁觀的方式去管理」。畢竟，從好萊塢的電影到MBA的教育都告訴我們，所謂的管理就是監督員工、下指令、敦促和激勵他們好好表現。正如前面所提，主管可以透過自我實現預言或是專案資源發撥的方式來發揮積極、正面的效果。但主管可能對自己造成的傷害矇懂無知。經理人沒有遵循當醫生的準則，「首先，應該無害」，而是無意間採取讓事情惡化的行動。3M公司前研究和發展部門的主管柯恩說，有位人力資源部的經理曾經因爲有位科學家坐在椅子上打盹，而威脅將他開除。柯恩把這位人力資源部的經理帶到3M公司的「專利牆」(Wall of Patents)前面，告訴他這位打盹的科學家替3M研發許多賺錢的產品。柯恩建議他，「下次看到他睡著了，給他一顆枕頭。」遺憾的是，不是每個高級主管都這麼明理。

爲什麼這麼多的經理人即使做的事對創新徒勞無益，甚至有害，但還誤以爲自己在幫助公司呢？原因之一是經理人高估了自己的價值。賀軒公司前「創意矛盾」先生麥肯錫以一則賀軒的「利潤王子」(Prince of Profit) 如何管理一群牛的寓言說明這種情形：「在蜿蜒的籬笆外站著一位身著價值七百美元的淡藍色細紋西裝的肥胖男子……對著牛群頤指氣使的吆喝著。」當牛群靜靜地在一旁反芻胃中的食物時，這位「王子」就會大聲斥喝「你這隻懶鬼，快去工作！要不然就宰了你。」這位「王子」並不曉得「這樣子大喊大叫並不會讓牛產出更多的牛奶。」

史丹福大學有一項實驗與麥肯錫的寓言不謀而合。「實驗組」的學生被誤導相信自己監督隔壁一位繪製手錶廣告的部屬，而「監督」的程度分成低（只看完成的作品）、中（中間看過一次，但不做評論）和高（中間看過一次並做評語）三級。當所謂的畫作完成後，由「主管」評論作品的品質和員工的能力。另一「控制組」的學生，則並未認為自己在監督這項工作。之後，再比較這兩組人評比的結果。最後呈現給這兩組人的是同一幅作品，因此，所謂的「主管」並未真正的影響結果。然而，自認是「主管」的學生對作品的評價遠高於控制組的學生。而自認監督比較嚴密的學生對畫作和員工的評價又比自認監督寬鬆的學生高。就像麥肯錫故事中對著牛群咆哮的「利潤王子」，這些「主管」自認可以提高產量，實際上是毫無助益。

這種叫做自我強化 (self-enhancement) 的偏差幻覺，正足以解釋為什麼許多公司明知授權可以提高生產力和員工的責任感，可是卻遲疑不決。然而，當經理人如果能袖手旁觀，好事就會發生。籃球教練菲爾・傑克森 (Phil Jackson) 就是一個很好的例子。他曾率領麥可・喬登 (Michael Jordon) 時代的芝加哥公牛隊 (Bulls) 贏得好幾座冠軍杯，而最近執掌洛杉磯湖人隊（Lakers）的兵符也一樣所向披靡。傑克森一向以寬鬆的管理風格著稱，每當球員表現走樣或球賽到了關鍵時刻，他總是神閒氣定坐在場邊，從不輕易喊暫停。多數的教練比賽中總會下達各種戰術，但「傑克森幾乎很少下達戰術，他認爲下達戰術讓球員覺得自己好像被他操控一樣。」傑克森成功的關鍵，就像ＩＤＥＯ的大衛．凱利和康寧實驗室的經理，他有雅量放手讓有能力的人去做該做的事。湖人隊一向具有冠軍相，卻始終與冠軍無緣。當傑克森抵達洛杉磯時，被譽爲湖人隊的救世主，他回答說，「我不是救世主……他們才是自己的救世主。」值得玩味的是，正因爲他明白指出決定勝負的是球員，不是他，所以他才是湖人隊的救世主。

創新是爲了銷售，不是爲了創新而創新

創造力是見仁見智的看法。從披頭四的音樂到巴勒德的燃料電池，在在證明無論如何精彩絕倫的新事物，只有當它的價值足以說服某人時才會被接受。哲學家勞夫．華多．愛默生（Ralph Waldo Emerson）說過，「只要製造一具更好的補鼠器，全世界的人紛紛登門討教。」其實，這句話錯了。許多創新事物成功的關鍵在於行銷得法，而不在於事物本身優於競爭對手。

一八八〇年代煤氣燈和電燈的競爭就是明證。研究員安德魯．哈根登（Andrew Hargadon）和耶羅列斯．道格拉斯（Yellowless Douglas）證明煤氣燈和愛迪生當時販賣的十二瓦電燈泡的

照明度不相上下。早期的電力照明常有停電、電燈和燈泡品質不穩定、電線短路和接觸不良易釀成火災等弊病，而且價格比煤氣燈貴。尤其「爲迎戰這種白熱燈泡，於一八八五年推出的威爾斯巴哈白熾罩（Welsbach）讓煤氣燈的亮度提高六倍，將搖曳昏黃的暗光變成明亮的白光。」雖然電力照明的優勢並不明顯，煤氣燈在美國到了一九〇三年幾乎絕跡。哈根登和道格拉斯說明這項發明之所以席捲市場，得歸功於愛迪生的行銷技巧，他決定盡量不以先進技術且價格便宜爲訴求，而用簡單的語言強調電力照明系統、電燈其實和煤氣燈照明相類似。別忘了，熟悉讓人心安。

任何點子要成爲生財工具，端賴創新產品或服務的銷售技巧。3 Com 公司的創辦人和發明乙太網的麥特考夫有感而發地說，「很多工程師並不了解推銷的重要性。他們認爲在生命的食物鏈中，業務人員比最底層的綠泥（green slime）還低。其實，東西如果賣不出去，一切都是空談。」我們都知道，早在創新產品推出上市以前，推銷行爲就已經在公司內部展開了。所有的迪士尼員工應邀在每月的「公開論壇」（Open Forum）上推銷新「賣點」（attractions）。3M公司的發明家撰寫提案以爭取發展原型和市場測試的五萬美元「創始經費」（Genesis Grants）。大型組織的創意過程——像福特、美國太空總署、麥當勞、維京航空和西門子等——都是發明家試著在正式和非正式的場合向老闆和同僚推銷自己的想法。實際上，大型公司成功創新產品的共同點，都是靠支持者的毅力和圓融人際手法推銷的。

同樣地，財力雄厚的企業家必須說服投資人支持自己的新企業。身爲資深企業家和投資人的歐德瑞・麥克林（Audrey McLean）和麥克・里昂斯（Mike Lyons）傳授史丹福的學生一堂「電梯推銷術」（elevator pitch）。當天的課是在一棟五層樓的兩個電梯內進行的。這群雄心勃勃的未來企業家在搭乘電梯的兩分鐘內，必須向麥克林和里昂斯推銷他們的產品、市場前景和管理團隊，然後根據表現打成績。麥克林和里昂斯認爲，如果不能在兩分讓投資人心動，那麼要他們投資公司的機會就很渺茫。而近來已出現專門幫助企業家推銷點子的「創業包裝師」（venture packagers）小型行業。例如，匹茲堡的卡瑞爾顧問公司（Carryer Consulting）就替企業家撰寫精彩動人的經營計劃、製作簡報內容和精闢的分析。巴布斯・卡瑞爾（Babs Carryer）（她和丈夫提姆（Tim）共同經營這家公司）同時也利用她的戲劇背景教授企業人士如何打動投資人的話術。

這本書談的是創新，不是說服。但如果創新者自己沒有辦法推銷想法或請別人代勞，這些點子就永遠只能埋藏在創新者的心裡。因此，許多人練習推銷自己想法的技巧、觀摩別人的作法、找人輔導訓練並閱讀像羅勃特・塞爾丁尼（Robert Cialdini）的《影響力》（*Influence*）這類書籍。創新者尤其應該知道，別人對他們想法的評價其實和他本身的創意是密不可分的。曾經投資英代爾和蘋果電腦的創投資本家老前輩亞瑟・洛克（Arthur Rock）就強調說，「我通常比較注意撰寫經營計劃的人，而不是提案內容。」當洛克和企業家會面時，他會用心找出哪些人「對自己的想法信心十足，讓其他人的想法都相形失色。」他又說道，「我一眼就能看出誰有滿腔的雄心抱負，誰又只是把點子當成致富的工具。」

金百利・艾斯巴克（Kimberly Elsbach）和羅德瑞克・卡拉梅（Roderick Kramer）的研究也同樣指出，劇作家向好萊塢的製片推銷劇本時，如果想要讓別人相信你的想法具有創造力，那麼說服別人相信你有想像力比想法本身更重要。一個人是否能言善道並不重要，如果呆板、沉悶、老重覆一大串事實或只是「西裝畢挺的一個傢伙」，可能引起反感。這類的「推銷員」（pitcher）會被看作輕浮和缺乏熱情，是沒有想像力的乏味人士。相反地，一個天眞或怪里怪氣的「推銷員」反倒能說服別人自己是個有新鮮點子和排斥傳統思考的人。推銷員也不應該一次推銷好幾個想法，有位製片說，「世界上沒有一位買主會相信你對五件不同的專案具有同樣的熱情。你推銷的是熱情，不是想法。你要推銷自己，推銷自己的使命和觀點。」最佳的推銷員能激發「捕手」的創意思考，所謂捕手就是以「創造性的合作伙伴」共同參與創作，而不是當個被動的聽眾。製片家奧立佛・史東（Oliver Stone）告訴艾斯巴克：「我認爲魅力或許是推銷最重要的部分，而就某種感覺上……這是一種誘惑，一種擺在眼前的希望。作家在某個時點必須縮手，讓製片把自己當成故事的創作人。允許他們爲故事的完整性而增刪你的想法。」

史東的看法攸關你所推銷的任何一個點子。一旦買主興緻勃勃地增加自己的創意，表示他們已經感染到推銷員的熱情和抱負，艾斯巴克和卡拉梅強調，能讓別人自覺有創意，自己也會被當成更有創意的人。但千萬要記住，點子夠好才容易推銷。正如卡瑞爾所言，「偉大的創意即使搭配的是蹩腳的商業計劃，還是會得到青睞，但一個蹩腳的點子，即使搭配了偉大的商業計劃也是一切免談。」因此他理想中的客戶是「有偉大創意但口才遲鈍的工程師。」

創新需要剛柔並濟

創新需要彈性，只有那些能從善如流，修正自己看法的人，才能夠產生各種想法和以新角度看待老問題。但也別忘了，當初巴勒德發展燃料電池和昇揚公司的團隊開發爪哇語言程式是多麼的固執和堅持。發展成功的創新產品需要一些堅持，要能明確指出問題重心，才能進行建設性的討論，大家才能知道該專注和忽略的地方，並且深入發展和測試點子，看看是否眞是好點子。

如何在堅持和彈性之間尋求合理的平衡點，這裡提供一條實用的指南，也就是維持答案或問題不變，而改變其它因素。最常見的策略是先找出一個問題，然後尋找並評估各種可行方案，換言之，即「問題不變，而答案保持彈性。」十八世紀，科學家竭心殫智尋找經度的正確算法就是這類「問題導向的研究」(problem-driven search)。達華・索布 (Dava Sobel) 在《經度》(*Longitude*) 一書中寫道，許多船隻和人民因爲錯誤的航海術而迷失方向，所以「海上強權的政府——包括西班牙、荷蘭和義大利的若干城邦——都經常提供獎金尋找可靠計算經度的方法，而掀起一股熱潮。英國國會在著名的一七一四年的〈經度法案〉(Longitude Act) 中更明訂，凡是發現「可靠又實用的經度計算方法」的人可以得到鉅額的賞金 (king's ransom)(約抵今天的數百萬美元)。而得獎的經度計算法的誤差必須在半度內 (兩分鐘的時間)，而且需經過船隻航行的測試，「橫渡大洋，從大不列顛到委員會指定西印度（West Indies）的任何港口……而誤差的經度在上述的範圍內。」於是一時之間，推出數百種經度的計算方法，直到最後由英國一位鐘錶匠約翰・哈里遜（John Harrison）提供了一套令人讚嘆的機械式算法。

現代的許多創新仍是問題導向。麥當勞嘗試數千種吸引顧客上門的作法。迪士尼的夢想家不斷思考如何讓園區內大排長龍的「來賓」，真正而且看起來移動得更快。吉列公司位於英格蘭雷汀的研發實驗室測試各種可能帶領風潮的刮鬍刀材質和設計。該實驗室的最終目標簡單明瞭：更伏貼、舒適的刮鬍刀，「這是刮鬍技術所尋找的聖杯。」

另外一種平衡堅持和彈性的作法是維持答案不變，而讓問題變化，或是一種「答案導向的研究。」（Solution-driven search）這就和兩歲孩童拿著鐵鎚所做的是一樣的，這裡敲敲那裡敲敲看看會發生甚麼事。把一些新或舊的技術、產品、理論或服務套用到許多至今仍懸而未決的問題看看是否有效。之前提過，3M公司的微複製技術中心（Microreplication Technology Center）利用微小錐體構成的三維平面研發出比傳統螢幕耗電量更少的膝上型電腦螢幕。微複製技術是在一九五〇年代為增強OHP投影機的亮度而發明的，3M的經理人相信這些精微錐體的技術可以應用在其它方面，但就是不知道如何運用或用在哪裡。因此，他們成立該中心以盡量尋找微複製技術在各產品的可能用途。現在包括錄影帶、砂紙、交通號誌、研磨器和滑鼠墊等數十項3M產品都應用到這項技術。

南非開普頓（Cape Town）的富利便集團（Freeplay Group）也是利用「答案導向研究」的創新方法。他們發明並銷售一種「自我供電」（self-powered）的裝置，使用者只要將二吋寬、二十呎長的板狀碳鋼發條旋緊就可以產生電力。當發條鬆開時，產生的電力足夠供收音機使用三十分鐘（這是該公司的第一項產品）。這種酷炫的裝置在拉斯維加斯的消費電器展（Consumer Electronics Show）大出風頭，吸引許多電腦玩家。它也同時改變世上最窮的一群人的生活，讓他們可以擁有一台不需要（也得不到供應）電力或昂貴電池的收音機。公司的共同執行總裁羅利・史蒂爾（Rory Stear）說，「我們做的不僅是收音機事業，還是能源事業。我們總是反問自己，還能利用這項技術做些甚麼？」這種答案導向的思考讓他們開始發展其它自我供電的產品，包括手電筒、全球定位系統、地雷偵測器、淨水器和一種玩具怪獸卡車的動力裝置。

挑動和創造不安

現在大家應該都了解，不安對創新而言是一項無可避免和令人期待的要素。前面所提雇用讓人不安的員工怪招，就是一語道破當中的奧妙。其它像雇用不需要的人、員工反抗上司、員工發想並嘗試一些傻事，以及員工針對奉爲圭臬的觀念爭論不休時，都會製造不安感。不安讓人覺得心煩，但卻可以幫助大家避免和改正漫不經心的行爲。

陌生的觀念和事物往往因爲干擾例行性行爲和挑戰視爲理所當然的假設，而激起憤怒、焦慮和排斥等負面情緒。如果每個人都喜歡你的點子，或許正代表你沒有太多的創意。當星巴克（Starbucks）的創辦人霍華·舒茲（Howard Schulz）希望和前籃球巨星魔術強森（Magic Johnson）合夥在洛杉磯非裔美人的貧民區開設七家咖啡店時，其它星巴克的高級主管以風險太高爲理由而持反對意見。星巴克的分店遍佈全球卻從未在貧民區設立分店。同時爲了迎合非裔美人的口味，強森還希望店裡兼賣像甜薯餅的食物和播放麥爾斯·戴維斯（Miles Davis）和史蒂夫·汪達（Stevie Wonder）的音樂，這群高級主管對此也感到疑慮不安。舒茲和其他星巴克的高級主管最後還是決定設立這些分店，並量身打造成符合舊市區的口味。他們爲克服不安感所做的決定是明智的：在第一家店秀出亮麗的營業額和利潤後，他們延長和強森最初簽訂的合約期限，而主管原本擔心店裡和周邊的犯罪行爲證明根本是多慮的。

赫曼·米勒（Herman Miller）也是基於新觀念挑起不安感的信念而發展變形（Resolve）系統傢俱，利用「變形」（re-solves）取代傳統方方正正、制式化的辦公環境。「不再採用淡灰色的牆和方方正正的角度，改以明亮、透明屏風和柔和的一百二十度角爲特色。」有人批評變形傢俱過於強調「明亮色彩和個人風格。」首席設計師吉姆·朗（Jim Long）說，「我的理念是一扇隔間門……既有開放的感覺又不至於完全的開放到讓人一覽無遺。」朗在發展初期，向二百位資訊科技的經理人、設計師和總務人員展示一款原型。當多數人並不喜歡時，朗反而覺得高興，因爲如果每個人都持正面的評價時，「代表這些創意太過平凡。」當森普拉能源資訊公司（Sempra Energy Information Solutions）試用這種辦公傢俱時，員工最初的反應是「文化的震憾」。但漸漸習慣後，卻越來越喜愛這個品牌，他們發現不但彼此的溝通獲得改善，而且辦公室也變得更加安靜。米勒還不準備宣告變形傢俱將是未來辦公室的主流，但不管未來辦公室長成什麼樣子，他們的設計師還是期待大家看到第一眼的反應是負面的。

不安還有其它妙用。許多人因爲對一些事物感到不滿而動手改善，於是發明成功的妙點子。發明家大衛・李維（David Levy）就採用這種「詛咒法」（The Curse Method）。李維說，「當我聽見有人罵個不停，就表示有創意的東西即將出現。」李維在聽到一位同事因爲腳踏車座墊被偷而破口大罵後，設計出威力鎖（Wedgie Lock）。李維發現位在麻塞諸塞州（Massachusetts）劍橋（Cambridge）實驗室附近的街道堆滿沒有座墊的廢棄腳踏車，而靈機一動，想到一付可靠的腳踏車座墊鎖一定有商機存在。不安或勃然大怒讓人不好受，但卻可能是創新的靈感來源。李維說，「我躺在床上時，總想些讓人心煩的事。」

把每件事都看成是暫時的

例行工作的組織原則是假設每件事都是永恆不變的，但創新工作的組織原則則是完全相反的假設。其實，兩者都是似是而非的說法。畢竟，只有過去有效的事物在未來依然適用時，採用既有知識才算明智之舉。而當老方法現在即使有效但即將落伍時，只有引進各式各樣的觀念——以新角度看事情和揮別過去——才算合情合理。創新公司的領導人經常有危機感，完全是體認到今天運作順利的事物不代表將來一樣適用。眾所周知，英代爾的安德魯・葛洛夫老懷疑「破壞性」的改變——讓公司的技術或經營模式變得過時落伍的新科技——隨時會發生。思科公司的約翰・錢伯斯（John Chambers）也做同樣的事，而芬蘭電話事業巨擘諾基亞（Nokia）的執行總裁優瑪・歐立拉（Jorma Ollila）也深有同感：

諾基亞公司的董事長兼執行長在星期一表示，他目前最大的隱憂是「我們創新的速度比不上六年前的腳步，」當時的員工只有現在五萬六千名的一半。「當你認爲三年前製造的產品夠好了，因爲它們和二年前和十八個月以前的產品一樣好，而且公司依然賺錢……然後，在以色列和矽谷的某家公司正迫不及待以全新的技術將你摧毀。

要維持創新的能力，就必須把從流程及產品線到團隊與組織都看成即便現在有效但隨時可能滯礙難行的事物。作法可能是組成臨時性的公司，而不像AES和Lend Lease房地產投資公司只組成臨時的專案團隊。這種臨時性組織一開始成立的宗旨就是一旦專案完成或棘手問題解決後，就按計劃功成身退，立即解散原有團隊。這種臨時性組織的優點是，藉由不斷的解散和重組可以保持公司高度的差異性和「識相曾似」，並且讓員工無法再漫不經心地作事。

所以，像通用汽車這種傳統公司位在密西根州華倫市（Warren）的研究發展中心的一支團隊，就是仔細研究電影業尋找創意靈感。這種「好萊塢的經營模式」引人好奇，因爲近來多數的影片都是由臨時組成的公司製作完成的。一旦影片完成後，這些單一專案的組織分得應有的利潤後，團隊隨即解散。這些靠專案爲生的員工分道揚鑣尋找下一份工作。好萊塢曾經由像米高梅（MGM）、華納兄弟（Warner Brothers）和派拉蒙（Paramount）這類大型的電影公司所主宰，這類公司雇用的員工包括導演、編劇和演員等人才。相反地，現代的好萊塢製片必須依賴中間人提供「人員套裝」，並協助設立拍片的臨時性公司。而在這正式和非正式關係錯綜複雜的人際網絡中，像威廉・摩里斯（William Morris）和創造力人才經紀公司（Creative Artists Agency）是其中屹立不搖的人才經紀公司。也正因爲如此，儘管製片公司是臨時成立的，但整體產業仍具相當的穩定性而且前景看好。

好萊塢和新經濟產業有異曲同工之妙。近來高科技產業盛行包工制——尤其是由擁有科技的技術專家所承攬——和由各類經紀公司提供公司臨時的協助以滿足公司短期的需求。雖然，大家對矽谷「基業長青」（built-to-last）的公司大肆報導，但更多的是臨時性的新興企業。能夠持續生存的獨立公司可說是少之又少；多數被大公司兼併，而倒閉關門更是司空見慣的事。矽谷的員工不管被歸類的是臨時性或永久性，人員的流動率一向都很高。這不是網際網路時代才有的事：自一九八〇年代以來，高科技產業每年的人員流動率平均超過百分之二十。不管是好萊塢或矽谷，員工不斷接受新的任務，和千變萬化的角色合作，而且新公司也都是由老面孔重新組合設立的。

當然，臨時性的公司並不是維持創新的唯一法門；像3M、摩托羅拉、惠普科技、Home

Depot 和維京這類歷史久遠的公司，都證明條條道路通創新。但如果從創意組織的三項原則——差異化、「識相曾似」和揮別過去——來思考，就會發現不斷的設立和解散臨時性的組織可以確保這三項創新原則融爲生活的一部分。大型公司只要把產品和專案看成是臨時性的狀態，還是可以發揮相同的效果，就像摩托羅拉執行總裁葛拉文在一九六七年決定以 Quasar 的品牌推出摩托羅拉的彩色電視機。這種作法甚具遠見，因爲他了解以摩托羅拉不同的品牌推出電視機將更容易拓展電視機市場。這爲日後摩托羅拉公司在一九七四年把 Quasar 的電視和註冊商標以及生產設備賣給松下電器（Matsushita）創造有利的環境。當時的電視已經成爲價格低廉、利潤微薄的民生用品，就如同葛拉文在十年前所料的一樣。

流程以簡單爲原則

有創意的公司和團隊共同的特點是恪遵簡樸原則：任何事盡量簡單（但不是越簡單越好）。他們用心良苦制訂一些工作規範，好讓員工專注在重點，不必理會其它雜事。當公司考慮每一件事的替代方案和牽涉各方人馬不同的意見時，就會增添事情的複雜性。因而心力都會誤用在加強協調和控制，而且爲達到盡善盡美的程度，可能會以官僚作風牽絆有抱負的創意人，而且要他們無奈的和一批又一批對工作一無所知（但卻毫不猶豫的指示工作方向）的人開會。這類多餘的雜務和功能不彰的流程同時也讓創意人要花更多的時間推銷點子和玩弄組織的人際手腕，根本沒有多餘時間來發展創意。

就以我幾年前研究的一家消費品公司爲例。這家公司的高級主管認爲可以制訂一套適用所有產品的詳細研發流程。我對這家公司姑隱其名，但可以透露那些高級主管堅持每項新產品都必須經過由三十多項細目組成的八道步驟。整個流程包括八次正式的徹底檢查程序，每道程序都有一百多項耗時的工作（例如，「財務計劃」和「註冊商標」），必須全部完成後才可以進行下一項程序。這些流程詳列研發過程中二十五個團體加入或退出（從管理高層到行銷部門）的時機以及三十五個左右該問的問題（例如，特色是什麼？所有計劃都完成了嗎？）。這個流程的設計人員信心十足，吹噓如此一來必可加速創新、提高共識和減少錯誤。執行至今五年以來，雖然公司耗盡許多人力時間推動這套標準產品研發流程，但當我訪談這家公司的主管時，竟然想不起哪一樣產品眞正通過這些層層關卡後才上市的。這並不是說這家公司從此推不出新產品，還是有許多成功的熱門產品，只不過都是有足夠權力或人際手腕靈活的團隊在正式流程外完成的。

遵循簡單法則的公司比較容易維持創造力。奇異電器的傑克．威爾契說，「官僚體系痛恨簡單化……簡單的訊息傳遞得快，簡單的設計上市得快，而刪除繁文縟節更可以加速決策流程。」簡單的組織架構和激勵制度讓蓋登（Guidant）旗下最大事業之一的（心臟）血管介入性治療集團（Vascular Intervention Group）凌駕強生公司（Johnson & Johnson）之上，成爲冠狀動脈支架（擴張阻塞動脈的微細金屬導管）的市場領導者。以前，由於研發部門和製造部門之間溝通不良、衝突不斷，因而阻礙公司研發新支架的能力。總裁金格．葛拉漢（Ginger

Graham）於是將研發部門和製造部門歸於同一主管，簡化組織架構。同時簡化獎勵制度，讓研發和製造部門的員工在產品研發成功之後，分享相同的高額獎金。這種改變成簡單、明快的發展程序是蓋登維持市場優勢的關鍵，因爲新的支架往往上市時間不到一年就會被更精良的設計所取代。

減少產品或服務的研發和銷售項目也可以簡化創新的流程。賈伯斯在一九九七年七月重返蘋果電腦時，當時公司銷售好幾種電腦機型，正如他所說的，「我們甚至搞不清該建議朋友買哪一種。」這些機型包括 1400、2400、3400、4400、5400、5500、6500、7300、7600、8600、9600、二十週年紀念機種、e-Mate、Newton 和 Pippin。這一長串的名單不僅蘋果電腦的消費者看得眼花撩亂，蘋果電腦的設計師也無所適從，不知重心應該擺在哪一樣產品。到了一九九八年，蘋果電腦不再銷售上述產品，到了一九九九年，蘋果電腦只有四種機型：供家庭和教育市場使用的膝上型和桌上型電腦，以及針對商業市場的膝上型和桌上型電腦。化繁爲簡是蘋果電腦東山再起的關鍵。

最後，創新的簡單原則可以避免節外生枝和浪費資源。如果每個人都遵循簡單原則，將可加速發展、集中焦點和產出簡單的產品或服務（製造或推動起來也比較容易）。Palm Pilot 的發明人霍金斯也是造成市場轟動的 Palm V 研發團隊領導人，他告訴這支設計團隊，「這項產品重點在於風格，典雅的風格。」他說，「舉個例子，當初第一支 Star Tac 星鑽手機推出後，售價高達一千六百美元，但大家還是趨之若鶩，爲什麼？因爲這是全新且典雅的設計產品……

於是我說——我要的是PDA中的星鑽。」在研發過程中，團隊要求霍金斯增加更多應用軟體和麥克風之類的功能。但他一律回答，「絕不。Palm V要的就是典雅和風格，除此之外，別無它求。」簡單明瞭的指示，再加上霍金斯堅持執行的決心，讓團隊淸楚明白創意力應該擺的重心。

創新就得忍受一些怪癖

對許多人而言，創意、創新和樂趣經常劃上等號。但在你迫不急待設立或加入一家具創意的公司之前，我必須事先提出若干忠告。在一個具創意的地方工作，可能會心煩和沮喪，或甚至其它更糟的情形。史丹福大學的詹姆士・亞當斯（James Adams）和加州大學的巴利・史都（Barry Staw）認爲不少人事前都興緻勃勃的表示希望在有創意的地方工作，但一旦成爲事實，幾乎沒有人會樂在其中。幾年前，英代爾公司把「樂趣」兩個字從員工胸章所列的核心價值中刪除。一些尖酸刻薄的人或許會說，英代爾從來就不是個有趣的地方，現在至少不用再假惺惺的裝模作樣了。畢竟，英代爾一向鼓勵衝突和內部競爭是眾所皆知的事。他們甚至開班傳授如何應用「建設性的衝突」。英代爾或許做得有點過頭，惹人厭，但打造一家讓創新成爲生活一環的公司，有些事情雖然讓人不愉快，或甚至恐懼，但還是得貫徹執行。

本書提到一些有用的怪招，但不表示雇用彼此看不對眼的員工是件樂事，也不表示你會喜歡身邊盡是和你唱反調的人。不知你作何感想，但每當我要求員工做件事，而竟然抗命不從時，我就會勃然大怒。舉例來說，康寧公司蘇利文園區（Sullivan Park）研發實驗室的達納・布克班德（Dana Bookbinder）最近發明一種新式的塑膠實驗器材，可以加速製藥公司藥品的研發過程。然而，布克班德承認，康寧公司的員工，尤其是他的頂頭上司，花了好長一段時間才習慣他，因爲「我個性非常積極、有自信，他們對我簡直束手無策。」布克班德表示，他在康寧公司的九年期間，只有一位值得佩服的上司，而且只做自認對的事而不是被指派的事。康寧公司知道如何管理（或者也不想管理）像布克班德這樣的員工，這是值得讚揚的。康寧公司同時也獎勵像布克班德這樣的員工，爲表彰他傑出的前瞻性研究，在二〇〇〇年頒贈榮譽崇高的史都基獎（Stookey Award）。雖然康寧公司知道如何對待像布克班德獨立思考的員工，並不代表管理他就是一件樂事。

想想其它的奇招妙式。如果你喜歡井然有序的工作環境，當到處出現我行我素的人造成混亂，你就不會感到愉快。有些人喜歡接受失敗的挑戰，永無止境的研發或解決難題。但並非人人如此，如果公司太有效率，則可能是扼殺創意的警訊。

有創意的地方除了這些惱人的情形外，也應該仔細想想一般有新點子的個人或公司在創意發展過程中需要面對的風險。人類樂觀的天性意味多數人認爲自己會是少數成功的幸運兒之一。但最有可能的結果是，你或你的公司將成爲其它少數能倖存和蓬勃發展公司下的犧牲品。我再次引用詹姆士・馬奇的一番話：

遺憾的是，想像力的收穫並非不勞而獲。我們對想像力的保護是不分好壞——壞的點子往往比好的多。多數的想像力讓我們誤入歧途，而且多數個人和組織想像力的下場是悲慘的。多數的異議份子在轉型失敗後，變得一文不值，而不是組織轉型的英雄……因此，這種體制存在許多的不公平，我們爲了讓更龐大的體制有更好的選擇方案，就會引誘個人和個別組織的想像力。經由歌頌想像力，我們慫恿一些天眞的人走上無意中自我毀滅一途（或喜歡的話可以叫做利他主義）。

矽谷因造就許多的百萬和億萬富翁而聞名遐邇。但多數的新興企業，就算有眼光獨到的投資家挹注，還是無法創造可觀的利潤。然而，有關網際網路泡沫破滅的故事可能讓人誤以爲失敗是近來才有的事；其實即使在最風光的時代，新公司的失敗率一直都是居高不下。有位曾經參與設立新興企業（四家失敗，兩家成功）的資深企業家告訴我，在這個讓創投家致富的體系中，多數的新公司不過只是半路殺出的程咬金。這些「另類的試驗」(alternative experiments）有的是曇花一現，造成的傷害有限。一個以青少女爲訴求的網站Kibu在設立不到一年的時間即關門大吉。而其董事會都是一時之選，包括創辦試算科技公司（Silicon Graphics）和網景（Netscape）的吉姆·克拉克（Jim Clark）。他們判斷Kibu不可能賺錢後及時踩煞車，才能把剩餘一千多萬美元的資金退回投資人。而被遣散的員工在幾周內就找到新職。

其它公司就沒有這麼幸運。有些公司和員工燃燒大把的銀子，投入數十年的心血，看似希望無窮的點子一個接一個的產生，但卻從未成功。夏曼藥廠（Shaman Pharmaceuticals）就是個活生生的例子。執行總裁麗莎・康堤（Lisa Conte）在一九八九年設立夏曼時目標宏大，「派遣種族植物學家深入叢林尋找傳統的藥方，然後把古代的藥方轉換成憑處方籤就可以在藥房買到的東西——用來治療先進國家的疾病、回饋權利金給第三世界，並為康堤和包括一流藥廠 Eli Lilly 在內的投資人創造豐厚的利潤。」夏曼公司的科學家收集二六〇〇多種植物的樹葉、樹皮和樹枝，並從中分離出活躍的成份，取得二十多種合成物的專利，並且進行治療痢疾、黴菌感染和糖尿病藥物的臨床實驗。不幸地，經過十年的努力，夏曼公司還沒有可銷售的處方藥，而且當美國食品藥物管理局（U. S. Food and Drug Administration）認定它的痢疾用藥還須更進一步的臨床實驗時，對夏曼藥廠更是一項重大的挫折。在一九九九年經過五百股併一股的併股（reverse stock split）後，公司轉而以營養補充品而不是處方藥的名義銷售痢疾用藥，而公司能否起死回生，仍屬未定之天。

千萬別誤會我的意思，以為具創意的公司是個恐怖的地方，或是投資其中註定血本無歸。許多人喜歡這種混亂和迷惑的感覺。不斷提出新點子比一再重覆相同的行為——和相同的思考——更能帶來滿足感，而且和一聽到新點子就會興奮不已的人共事是件刺激的事，即使許多新點子失敗，這些地方都可以容忍這些挫折，甚至還被獎勵。再說，一大群人就是在這裡致富發財的，雖然比例並不高。在奉獻你的人生歲月之前，應該事先知道創新隱藏的各項風險。

學習失敗得快，不是失敗得少

如果你相信本書的內容，當有人提到如何讓創新更有效率時，你可能會嚇得直冒汗。因爲這通常表示他們將把例行公事的邏輯套用在創意工作上。一旦公司想要「降低搞砸的次數」，創新通常也會漸漸的停擺。有效率的創新訣竅在於失敗得快，不是失敗得少。聽聽安德瑞・麥克琳恩怎麼談失敗。麥克琳恩是Adaptive公司的執行總裁，現在是位成功的「天使」投資人〔她自稱是「資本家導師」(mentor capitalist)〕，近幾年曾榮登《富比士》和美國權威的投資雜誌《紅鯡魚》(*Red Herring*) 的封面人物。她認爲一九九〇年代後期大家競相把錢投進網路公司的現象，在於有項大家忽略的原因，因爲失敗的代價並不高。麥克琳恩說道，設立一個新網站和開發電腦硬體或醫療器材，或撰寫複雜的軟體程式所需要的成本相比，可說是小巫見大巫。由於市場反應迅速，所以「比起以前，我們失敗的速度快，而且失敗的成本也比較低。多數人只談論成功時可以賺多少錢，但很少談論網路公司過去——現在還是——一旦失敗付出的代價遠低於其它的事業。」麥克琳恩警告說，「但如果你連怎麼賺錢都還摸不著頭緒，就貿然投下數百萬美元促銷一個消費者網站，那就另當別論。」但她接著說，「架設一個網站不需要太多的時間和金錢，所以很快就可知道成功與否。當有個網站成功時，很快就有大筆鈔票進帳，就算試驗失敗，損失的金額也不至於太大。」

我很難以一套標準規則訂定縮手抽身的適當時機。信心和毅力可說是雙面刃，既可成事也能敗事。信心和毅力可以讓有風險之點子的成功機率提高，但有時就算長期的客觀證據顯示是該收手的時候，相同的信心和毅力卻常使解散一家公司或專案團隊遭遇強大的阻力。我們都看過執迷頑固的創新者即使局面不利，還不願退出。或許當中還有夾雜歷史或組織的糾葛，讓撤手退出難上加難。這種明知不可爲，卻執意進行的最佳案例，就是長島電力公司（Long Island Lighting Company）決定設計、建造秀涵核能廠（Shoreham Nuclear Power Plant）。一九六六年第一次提出興建計劃時，官方估計將花費七千五百萬美元。每次在節骨眼上，財務和安全就會一再被當成炒作的話題，所以一直延宕到一九八五年才興建完成。日後由於設計和興建的瑕疵以及成本日益高漲的考量，再加上聯邦陪審團發現公司的主管涉嫌欺瞞紐約州政府以提高費率興建核能廠，該廠遂於一九八八年關閉。在作出關廠決定之前（從未全面營運），投資金額已經超過五十億美元。

巴利・史都和傑利・羅斯（Jerry Ross）兩人花了二十五年的時間研究重大失敗專案的問題。根據他們對秀涵核能廠個案的研究指出，導致這種「升級症候群」（escalation syndrome）的力量包括：管理高層對外宣稱該計劃絕對不會中止、公司內外龐大勢力勾結藉機牟利，以及「已投下大筆資金，不能喊停」這種論調導致浪費更多的金錢。史都和羅斯提出幾項避免發生類似情況的準則。其中最重要的一條是，當初決定開始某項專案或公司的人，以及曾公開承諾將執行到底且一定會成功的人，都不應該參與該專案或公司未來命運的決策。所以專案必須架構清楚，讓專案的開始和中止的決策分屬於兩個獨立不同的團體。這也是爲什麼多數銀行由一個單位負責銷售貸款而由另一個單位決定是否中止有問題的貸款。

消除或減輕失敗的成本也能降低非理性的堅持。如果有人認爲失敗會損及個人的聲譽，可能就相信喊停代表失敗，因此——不管機會多麼渺茫——唯一的希望就是尋找成功之路。我之前所提到的三家公司——AES、惠普科技和SAS組織——都很擅長這種「軟著陸」(soft landings)。史都和羅斯同時也建議，「知道有些項目已經被升級症所左右時，也會有幫助。」他們建議由局外人的眼光來檢驗現況，定期靜心自問：「如果我今天是第一次接手這項進行中的專案，我會支持還是喊停？」這類的問題促使英代爾的高級主管葛登・摩爾和安迪・葛洛夫能夠在一九八五年毅然結束無利可圖的記憶晶片事業轉而致力於發展微處理器，這項決定造就英代爾今天不凡的身價。而避免升級狀況更積極的作法是當一家公司、專案或產品還是成功的階段時，見好就收。精明的主管會讓員工時時警覺現在的成功可能急轉直下或被競爭對手趕上。思科公司的執行總裁約翰・錢伯斯提醒員工：「陷入經營困境的公司就是和『宗教性科技』(religious technologies) 談戀愛的公司……成功的關鍵在於建立應變的文化，而不是從事宗教戰爭。」

開放有利，封閉有害

放開心胸，傾聽別人不同的看法可以帶來差異化和不同的觀點，避免公司沉醉過去不思長進。而且有些觀念對外人來說是稀鬆平常，對你來說卻是全新的衝擊，你可以借爲己用或融合你所知的種種進而發明新的管理方式、服務和產品。開放的價值或許是安娜里・莎克瑟妮安（AnnaLee Saxenian）的著作《區域優勢》（*Regional Advantage*）中最重要的一課，書中提到爲什麼像惠普科技、英代爾、昇揚電腦和思科這些位於矽谷的公司創新力十足，而位於波士頓一二八號公路區（Route 128）像迪吉多（DEC）、王安（Wang）和得吉電腦這些曾盛極一時的公司卻逐漸沒落和消失。她指出，矽谷公司興盛繁榮的原因在於工程師不吝於公開分享一些觀念，除藉此解決技術上的難題外，也炫耀自己的學問。這種情形不僅發生在公司內部，不同公司之間的工程師也屢見不鮮。不只工程師經常違反智慧財產權協定，幾位執行總裁對我坦承，在適當的談話中一點點的「洩露」乃意料中事，而且在所難免，因爲每個人都知道這是創新的源頭。

當然，開放公司想法的程度應有所限制。依法應該考慮智慧財產的保護，而且公司對本身的想法守口如瓶可能創造一筆財富，至少可以維持一陣子。例如，卡文・羅維特（Kevin Rivette）和大衛・克萊恩（David Kline）就指出，許多公司坐擁價值數千萬美元未曾使用的專利而不知。ＩＢＭ在一九九〇年針對未使用的專利開放許可證照，於是權利金收入從一年的三千萬美元躍升到一九九九年的十餘億，將近佔全年盈餘的九分之一。智慧財產權的限制也能導致創新，因爲如果一家公司擁有某種獨門秘方，就會刺激其它公司發明替代的解決方案。

儘管如此，有些公司還是擔心自己的心血被剽竊而扼殺創新。因爲如果某些公司員工老是只聽取別家公司的想法，自己卻守口如瓶，由於缺乏互惠，其它公司也會緊守口風；或者，如果這類公司員工知道自己無權從事雙向的交流，也會避免和可能提供他們有利建議的外人打交道。凡事列爲機密顯然是區間研究公司（Interval Research）關門大吉的主因之一。該公司是微軟創辦人之一的億萬富翁保羅・亞倫（Paul Allen）所設立的一家智庫。正如《紐約客》（*The New Yorker*）指出，「一九九二年三月，區間研究公司敞開大門不久後，隨即砰然關上。」區間研究公司心中的美景是擁有全錄公司PARC的優點，（尤其是能造就一個新產業之高明技術專家的想法）而沒有發展偉大的想法卻讓別人漁翁得利的缺點。亞倫聘請前全錄公司PARC炙手可熱的紅人大衛・李德（David Liddle）主持區間研究公司。李德網羅一批知名的技術專家，包括膝上型電腦和噴墨印表機的發明者，以及行爲學家、藝術家和音樂家，還有來自知名學府優秀年輕的研究員。根據未來研究院（Institute for the Future）所長保羅・薩弗（Paul Saffo）指出，這當中的問題是「他們掉進全球最傑出之科技知識的中心，掉進世紀最偉大之革命的中心，而從不走出自己的象牙塔……他們從第一天起就把自己關得閉不通風。」區間研究公司於二〇〇〇年四月廿一日結束營業，而當初向員工宣佈這項訊息的執行長比爾・沙沃（Bill Savoy）承認，「我們或許早該引進外人了，才不致於活在自己的象牙塔裡。」

最讓人津津樂道的開放模式要算是開放原始碼（open source）作業系統的發展。這當中包括現今唯一能威脅微軟視窗（Windows）霸主地位的Linux。開放原始碼最大的好處就是所謂的Linux法則，「眾目睽睽之下，所有的臭蟲（bug）將無所遁形。」隨著研究社群的增加，只要新的版本一出現，就會引起廣大的迴響和除蟲運動，更多的人加入找蟲、除蟲的行列。

開放原始碼的族群發展一套保護開放性的授權方式。開放原始程式軟體的保護是採用「自由軟體」的所謂「反版權」（copyleft）——而不是「版權」（copyright）的作法。根據 copyleft 的原則，開放原始碼的授權是增加「發行版（distribution）條款。這是一項合法的工具，任何人只要遵守發行版條款，就有權使用、修改和重新散佈原始或衍生程式碼的任何程式。因此，就可以用法律確保程式碼的自由開放。」

這些限制讓程式仍保有開放性。任何人進入原始碼都可以隨意的修改，但修改後的程式須送回程式碼資料庫，這會造成一種有趣的現象，讓公司和像大學這類團體的程式設計師改良某一個程式碼後，想要取得版權並從中牟利時，Copyleft 的協議便會遏止這種趁機謀利的行爲。一個開放程式碼的網站指出：「當我們向使用者解釋販售改良版是違法的，除非當成免費軟體送出，使用者通常會決定以免費軟體的方式釋出，而不是隨手丟棄。」發展免費軟體有其理念上的思考，但近來這股對開放原始碼的熱情是基於務實的考量：開放不同的人集思廣益，產品就會越來越好。

創新的態度

我希望大家採用本書的奇招妙式可以讓公司更有創意。這些點子保證管用。但經過十年的摸索後，我了解到與其使用嚴謹的創新方法，倒不如讓公司的員工對自己的工作和彼此之間有正確的態度。心理學家說，情感是推動人類行爲的引擎。情感——不是冷冰冰的認知——

驅使人們落實好的想法和點子。所以有正確態度的員工不僅有更輕鬆的時間推動書中的奇招妙式，而且宏觀的視野也會驅使他們創造並運用自己的點子激發創意。

我所知道每一家有創意的公司，裡頭總有一大群熱衷於解決問題的員工。當我和 Handspring 的創辦人兼董事長霍金斯和產品設計總監史基爾曼談起掌上型電腦時，他們興高采烈的模樣就和我的孩子玩一項奇妙的新玩具的神情一模一樣。我從明星公司的喬依・雷曼身上也看到同樣的精神，這家「點子公司」對像可口可樂、哈迪斯和喬治亞、太平洋這類公司收取一個點子五十萬到一百萬美元的費用。我的腦海彷彿看到雷曼在柏林（Berlin）的圓形舞台上滑著冰鞋，對著來自麥肯—易利信廣告公司（McCann-Ericsson）的觀眾大喊，「我們是心的激盪（heartstorming）而不是腦力激盪（brainstorming），創造力更重視的是人的感覺而不是想法。」其它有創意的公司都存在著這種微妙不易察覺的熱情，只要用心就一定會發現。

好玩和好奇心也是一種創新的態度。當蘇弗把他妹夫工廠的壁紙清除劑切成小塊狀時，根本沒有想到要發展成一項新產品；純粹基於她喜歡動腦筋玩花樣。蘇弗總想著把事情做得更好，並享受其中的樂趣。我從ＩＤＥＯ工程師的身上看到相同的精神。他們拿著我新買的數位相機（最早出售的機型），當場拆卸研究。他們控制不住自己，以前沒見過的東西，一定要試試如何組裝才肯罷手。這種驅之不散的好奇心有時候簡直到了匪夷所思的地步，例如，有位服務生問幾位ＩＤＥＯ的設計師爲什麼把餐巾盒給拆了。答案——「因爲我們想看看裡頭的彈簧如何運作」——簡直令人難以置信。但這是千眞萬確的事，而這正是ＩＤＥＯ的創新文化遠近馳名的原因之一。

最後一種創新態度實際上應該說是一對正反態度：要有能力在挑剔刁難和堅持信仰之間，或猶豫不決和堅定信心之間轉換情感。這些情感是創新過程中如影隨形的夥伴。如果你的公司只被其中一項態度主宰，麻煩就大了。書中所提的創意公司，像3M、迪士尼、Hand-spring、瑟塔莎絲公司都善於轉換這些情感。這些公司的員工都深信事事奇妙，只要用心想點子沒有不可能的事，但在決定該發展和中止哪項點子的時刻，他們就變得挑剔刁難——或請來一些打手。一旦確定發展和推動某個點子後，又再度燃起信心。

融合信仰和挑剔刁難的情感，也能幫助你掌握本書絕大部分的精髓。正如我開宗明義所說的，當你想到我的奇招妙式時，試著收起你的懷疑，只要片刻就好。捫心自問：萬一這些點子眞的行得通呢？我該如何以不一樣的手法組織或管理公司呢？我該如何以不一樣的作法讓自己更有創意呢？在你心中應不停的思索玩味這些點子，並在公司試行。這些妙點子不是信口開河，而且曾幫助不少公司發展有用的新鮮點子，但它們不是顚撲不破的眞理。如何善用則需要一點挑剔刁難的心理。你可以把這當成新買回來可以瞎弄胡搞的玩具：拆卸、解體看看如何運作、試著改良，然後和其它玩具混裝組合。你也可以不停發展屬於自己逆向思考的點子。最後，任何事情只要能引進新知識、幫助員工以新角度看待舊事物，或讓公司揮別過去的作法，就是好點子。

謝　辭

本書中的觀念，是在一九九三年九月一個美麗的下午誕生的。那個下午，一個頂有意思，頂好作伴的同事，吉姆・亞當斯（Jim Adams），拉著我來到史丹佛教職員俱樂部，幫我買了幾杯紅酒，替自己點了蘇格蘭威士忌，試圖說服我參與他替史丹佛校友會主持的「管理創新」課程，為企業主管們講課。先前，在學院走廊碰頭聊天時，他已幾次邀我，而我也已一再抗拒。因此，現在他決定採取「激烈」的行動。我那時在史丹佛已經待了九年，剛升為正教授。史丹佛讓我升等的主要原因，是我已發表了好幾十篇討論組織運作的論文。但這都是寫給學術界同行看的，我可沒想過那些在職場面對實際問題的主管、經理人、工程師，和其他人，可能從我的作品中學到什麼。無論好壞，這就是大多數大學裡學術研究的實況。學院之所以聘用或擢升一個人，看的幾乎就只是他在一個狹窄的專門領域裡的研究功力。

無論如何，那時吉姆自己已出過一本談創意的書，《概念突圍》（*Conceptual Blockbusting*），寫得很吸引人，銷售逾二十萬冊，以及另一本同樣有用的書，《靈感的培養》（*The Care and Feeding of Ideas*）。他還曾在不少企業中向真正的經理人、工程師和科學家，就提升創造力的問題，發表過好些演講。因此，就創意和創新等課題而言，在吉姆打算給企業主管開設的課程裡，我不認為自己能為他增色、加分。喝酒的時候，吉姆或奉承或激將，對我是軟硬兼施。他堅信，我多年來閱讀學術期刊，既撰稿也擔任編輯工作，必然學到了不少那些經理人需要知道的東西；何況我說不定實際上會喜歡上同這些「真實」的人類談話，而不只是向那些常常自以為是，好發議論的學術同僚發言。他還提醒我，在學院生涯裡，我已經走到了一個做什麼事都沒有風險的地步，而做這些有風險的事其實很有用。（要知道，在一所像史丹佛這樣有錢的大學裡當終身職正教授，可能比世界上任何其他職位都還要安穩。）最後，我投降了，主要是因爲我不想要他繼續糾纏。我說：「好吧，好吧，我打算拿我想像所及最荒謬的話題來試刀。來，瞧瞧這些我打算講授的變態點子。」我在餐巾紙上草草寫下一串蠢得可以的觀念，譬如：「雇用大多數時候不適任的人」、「雇用不聽話的人」、「搞一個沒有歷史記憶的組織」、「談論自己的工作時要語意含糊，意興闌珊」。我原本以爲，這些荒唐的點子會叫吉姆放棄纏我。誰知道，我的如意算盤出現了反效果。我實在應該記得，吉姆恭維一個人時，最好的說詞（起碼他心裡會這麼說）便是「變態得可以」、「好不尋常」，或「怪得帥呆了」。因此，看到我這些胡謅的蠢點子，他興奮極了，並強調這正是他想要我跟企業主管們講授的。我只好反駁說，儘管他以爲這些點子很「酷」，企業主管們可不會把它們當眞。吉姆說我錯了，企業主管和大多數人一樣，總是在尋找有用的新點子，期待工作和生活中有點樂趣。他更說，既然跟企業主管們講授這些觀念可以是一大樂事，我就應該馬上到他主辦的課程裡一試。我屈服了，但確信這些怪想法會惹惱那些主管，然後吉姆就再也不會來煩我，要我跟什麼企業人講課了。然後，我就可以重返寧靜的日子，閱讀和編輯我深愛的學術期刊，並爲它們撰稿，既安全又愜意。

一九九三年十月，我向「管理創新」課程的學員發表了一次談話，題目大約就叫做「提升組織創新能力的怪點子」。在演講中，我提出十來個違反常理的觀念，認爲可以提升組織的創造力。我原本以爲，那些企業主管會強力反彈，指責我荒唐無稽。他們確實質疑了我的許多觀念，但即便是在駁斥我，他們似乎也正在努力思考促使自己公司更富創造力的途徑。事實上，和我辯駁得最厲害的企業主管，通常就是那些最熱中怪點子，也最了解提升公司創造力之道的人。

那場演講之後，我就這個題目在史丹佛、加州大學柏克萊分校，和許多公司，向數千名企業主管發表過上百次演說。那之後好些年裡，我也曾就其他幾十個主題，跟企業主管、經理人、工程師演講過。但「怪點子」研討會始終是我的最愛之一，理由是：聽眾對這些怪點子和我提出這些點子的怪異方式反應總是特別強烈。對這個主題的演講，從沒有聽眾反應冷淡，漠不關心的時候。他們或者愛極我的演講，或者痛恨它。多數人愛它，但對過分正經八百的聽眾來說，這確實不是好的演說主題。

我想寫這本書已經好多年了，但日子總是忙忙碌碌地過了下去。這些年來，內人瑪莉娜・帕克（Marina Park）和我有了三個需要照顧的寶貝孩子，伊芙、克萊兒和泰勒，心力難免不濟。同時，我還忙起別的事，寫了其他書，包括跟傑弗瑞・菲佛（Jeffrey Pfeffer）合著的《知行之間》（*The Knowing-Doing Gap*）。直到一九九九年初，我始終懷疑自己到底會不會著手寫這本有關「怪點子」的書。那一陣子，我動了一連串眼睛的手術，害得我好幾個禮拜很難閱讀和寫作。但我仍然可以說話。於是，我利用這段時間口述我講了許多年的「怪點子」演說內容。最初打字完成的口述稿讀來很是零碎、粗澀。我大概刪去了百分之七十五以上的口述稿，加寫了一百五十頁左右的文字，並修改仍然保留下來的每一個句子，大幅調整全稿的結構。然而，讀最後定稿時，我猛然——其實是吃了一驚——發現，書稿裡的觀念，特別是我提出這些觀念的精神，和一九九三年九月那個下午，吉姆・亞當斯勸說我向企業界主管演講時，我在餐巾紙上草草寫下的東西，是多麼相似。

因此，首先，我要謝謝（以及責怪）吉姆・亞當斯引發了終於讓這本書問世的那一連串事件。但他不是唯一促成這整件事的人。我很幸運，能夠躋身學院，和史丹佛及其他地方的同行交遊。是這些朋友塑造了這些觀念，並以難以計數的各種方式使我有可能寫成本書。就從史丹佛說起吧。如果不是詹姆斯・馬奇（James March），這本書根本不可能出現。我的觀念可以說絕大多數都是從他卷帙浩繁的著作中借來和獲得啓發的。自一九五八年他和赫伯特・賽門（Herbert Simon）合作的經典著作《組織》（*Organizations*）問世以來，詹姆斯就一直是著述最豐和影響力最大的組織學者之一，而且雖然已正式從史丹佛退休，他的研究可沒有因此休止。在我發展自己奇怪想法的過程中，他對「探索和利用」（exploration and exploitation）的看法尤其重要。其實在許多其他方面，他的著作和我們這些年來彼此間愉快而富於挑戰的交談，都影響了本書的寫作。

如果不是史丹佛管理科學暨工程學系，特別是工作、科技與組織研究中心（Center for Work, Technology and Organization, WTO）和史丹佛科技事業計畫（Stanford Technology Ventures Program, STVP）的同事的支持，本書同樣不可能完成。WTO副主任（codirector）

史蒂夫・巴雷（Steve Barley）做了不知多少事，包括籌款、代替我出席無聊的會議、爲我打氣，和貢獻點子，才可能讓我完成本書。史蒂夫是我最要好的朋友之一，我感謝他所做的一切。另外兩位WTO的同事，Diane Bailey 和 Pam Hinds，對我同樣助益良多，他們在工作上的衝勁和熱情，激發我更努力於自己的工作。我們的行政助理 Paula Wright 一向以來幫我打點了無數瑣事。我們中心最棒的一件事，是博士班研究生的辦公室就隔著走廊，在教員辦公室對面。這些了不起的人和學者，包括 Mahesh Bhatia, Bart Balocki, Laura Castaneda, Adam Grant, Mark Mortensen, Kelly Porter, Keith Rollag, Victor Seidel。其中，Fabrizio Ferraro 和 Sally Fellenzer 擔任研究助理的表現極爲傑出。我已經拿本書中的觀念同他們嘮叨了好些日子，感謝他們的耐心。我特別要感謝 Siobhan O'Mahony ——本書的完成，他出力特別多，總是努力不懈地翻尋資料、編輯書稿和提意見，並使寫作本書彷彿是一次愉快的冒險。

STVP的同事同樣幫助很大。這個計畫的創辦人和執行主任 Tom Byers，是個富於領袖魅力和行動力的人，他創設了全世界所有工程學院中最成功的企業家進修計畫。Tom Byers 和 STVP主任 Tina Seelig 不但鼓勵我，還慷慨地撥款支持我的這項研究。

在史丹佛，我主要是待在工程學院，但我也得到史丹佛商學院（Stanford Graduate School of Business）的支持，甚至在那裡有到一個寫作的角落。從 Deborah Gruenfeld, John Jost, Rod Kramer, Michael Morris, Maggie Neale, Lara Tiedens 和 Katherine Klein 這些商學院同事的身上，我蒐羅到了不少很棒的觀念。Charles O'Reilly 對我的幫助特別大，他比史丹佛裡頭的任何人都還了解創新，他還極其慷慨地和我分享他的時間和觀念。杰佛瑞・菲佛是我在史丹佛裡面最親密的朋友和合作夥伴。在我們合著《知行之間》之前，我可不知道如何寫管理書。能夠因爲寫書，而向我的研究領域中最傑出的人學習，是個很棒的機會。我完成本書的主要動力之一，是我想到之後我便可以再和杰佛瑞合作一系列計畫了。和他合作，總是愉快的。

史丹佛之外的朋友，也給了我很多幫助。加州大學柏克萊分校的 Barry Staw 這些年來和我就創造力（以及它出的錯）交換過不少意見。我聰慧的多年友人，哈佛商學院出版社的 Marjorie Williams，在書稿早先還很粗糙的階段，提供了至關重要的建議。策士顧問公司（Strategos）的漢默爾（Gary Hamel）和 Liisa Valikangas，在策略與創新的關係上，教了我新的東西。和我一起賽帆船賽了三十年的 Jeff Miller，則告訴我他的「識相曾似」（vu ja de）概念，並容許我偷了過來。范德堡（Vanderbilt）大學的 David Owens 曾和我一起研究過產品設計過程中的「地位競爭」（status competitions），形成了我對創新的許多想法。我還要特別謝謝佛羅里達大學的安德魯・哈根登（Andrew Hargadon）。他不時找我共同發展他對創新的傑出研究計畫，本書許多地方都可以看到他富於想像力的各式各樣觀念。

和許多實際從事、管理創意工作的朋友交談或互通電子信件，也形塑了本書中的許多觀念，或爲這些觀念提供了實例。這些朋友包括惠普的柯瑞・畢林頓（Corey Billington）、全錄PARC的約翰・史立・布朗（John Seely Brown）、Homestead 的 Joe Davila、Handspring 的傑夫・霍金斯（Jeff Hawkins）、惠普的 Peter Gaarn、蓋登公司（Guidant）的金格・葛拉漢（Ginger

Graham）、Accel的米契爾・凱普（Mitchell Kapor）、Homestead的賈斯汀・凱奇（Justin Kitch）、Klein Associates的Freada Klein、麥當勞的John Reinertsen和Pete Servold，以及Handspring的Mark Shieh和彼得・史基爾曼（Peter Skillman）。多謝Reactivity裡聰明的朋友，包括吉瑞米・亨雷克生（Jeremy Henrickson），卡梅拉・克蘭茲（Carmela Krantz），葛拉翰・米勒（Graham Miller），比爾・華克（Bill Walker），Brian Roddy，特別是讀了書稿並提出意見的約翰・里利（John Lilly）。我還要感謝ＩＤＥＯ產品研發的所有朋友讓我到他們公司閒逛，特別是Gwen Books, Brendan Boyle, Dennis Boyle, Tim Brown, Sean Corcorran, Cliff Jue, Tom Kelly, Chris Kurjan, Bill Moggridge, Whitney Mortimer, Larry Shubert, Craig Syverson, Scott Underwood和Don Westwood教了我許多東西。讓我了解如何創立和照管一個創意公司最多的，莫過於ＩＤＥＯ的創辦人和董事長，也是我在史丹佛工程學院的同事，大衛・凱利（David Kelly），他耐煩地回答了我無止無盡的問題，並容許我在他公司到處窺伺。我還記得一九九四年第一次和大衛交談的情景。他給了我一份ＩＤＥＯ員工的電話簿，說：「喏，隨便你想找哪一位。」他當時恐怕不知道，七年後我還在幹這件事！

我的經紀人Michael Carlisle不僅長於他的專業，他的熱情和樂觀更是讓人愉快。我感謝他和他公司裡其他朋友的協助和好意見。Donald Lamm加入Michael的公司，當的是一名能幹的出版經紀人。但是，這樣介紹他的工作實在無法說明他對我這本書的幫助。他想出了書名，參與了出版提議書和書稿的編輯；更重要的，他教我認識出版這個奇特而迷人的行業。

這本書其實已成爲結識 Donald 的好藉口，他是我認識的人當中最聰明的一個。同樣幸運的，是我能夠和 The Free Press 的編輯 Bruce Nichols 一起工作。他巧妙而堅定地敦促我撰寫書稿，並讓稿子越改越好。他的編輯手法輕巧得似乎不著痕跡，卻一次又一次地讓我避開自己最糟糕的缺點。Bruce 正是我需要的編輯，他極其在乎品質，但他一察覺我已不自覺地不斷修改細節，便斷然宣佈本書業已定稿，並優雅地把它從我手中奪走，好讓它終於有付梓的一日。

最後，我要謝謝我的家人，特別是我溫柔、可愛，腦筋淸楚的妻子瑪莉娜在許多許多年前教我寫作。一九七六年，當我們開始生活在一起，她主修英文，而且已經是高明的寫作者。那時，我連一句像樣的句子也寫不來，她教我如何寫好文章，如何欣賞好文章。我還要謝謝她容許我花那麼多時間完成本書。從瑪莉娜和我們的三個孩子那兒，我偷了許多時間來寫這本書。伊芙、克萊兒和泰勒，我該你們最大最大的謝謝。我愛你們，感念一切，特別是在一次次愉快的交談中，你們和我討論什麼點子怪，什麼點子不算怪。

國家圖書館出版品預行編目資料

11 1/2 逆向管理／羅伯·蘇頓 （Robert I. Sutton）著；徐鋒志譯.-- 初版-- 臺北市：大塊文化，2002 [民 91]

面； 公分.（Touch ; 31)

譯自：Weird ideas that work: 11 1/2 practices for promoting, managing, and sustaining innovation

ISBN 986-7975-36-7 (平裝)

1. 企業管理 2. 組織（管理）

494 91010409

105 台北市南京東路四段25號11樓

廣告回信
台灣北區郵政管理局登記證
北台字第10227號

大塊文化出版股份有限公司 收

地址：□□□＿＿＿市／縣＿＿＿鄉／鎮／市／區
＿＿＿路／街＿＿段＿＿巷＿＿弄＿＿號＿＿樓
姓名：

請沿虛線撕下後對折裝訂寄回，謝謝！

大塊 LOCUS 文化

編號：touch 031　書名：$11\frac{1}{2}$逆向管理

大塊文化 LOCUS

讀者回函卡

謝謝您購買這本書，爲了加強對您的服務，請您詳細填寫本卡各欄，寄回大塊出版(免附回郵) 即可不定期收到本公司最新的出版資訊。

姓名：______________ **身分證字號**：______________

住址：□□□______________

聯絡電話：(O)______________ (H)______________

出生日期：______年______月______日 E-mail: ______________

學歷：1.□高中及高中以下 2.□專科與大學 3.□研究所以上

職業：1.□學生 2.□資訊業 3.□工 4.□商 5.□服務業 6.□軍警公教 7.□自由業及專業 8.□其他________

從何處得知本書：1.□逛書店 2.□報紙廣告 3.□雜誌廣告 4.□新聞報導 5.□親友介紹 6.□公車廣告 7.□廣播節目8.□書訊 9.□廣告信函 10.□其他____________

您購買過我們那些系列的書：

1.□Touch系列 2.□Mark系列 3.□Smile系列 4.□Catch系列

5.□PC Pink系列 6□tomorrow系列 7□sense系列

閱讀嗜好：

1.□財經 2.□企管 3.□心理 4.□勵志 5.□社會人文 6.□自然科學

7.□傳記 8.□音樂藝術 9.□文學 10.□保健 11.□漫畫 12.□其他____

對我們的建議：______________

____

____

LOCUS

LOCUS

LOCUS

LOCUS